水污染控制工程

课程设计及毕业设计

王春荣　主编

王建兵　何绪文　副主编

U0194613

化学工业出版社

·北京·

本书共分六章，主要内容包括绪论，课程设计及毕业设计目的、要求及深度，工程制图相关知识，水污染控制工程设计基础、具体设计步骤及方法，污水处理厂经济评价与分析，污水处理厂的总体布置等。

本书简明、准确、方便和实用，可供环境工程、市政工程等领域的工程技术人员和管理人员参考，也可作为高等学校市政工程、环境工程等专业的本科生实践教学用书。

图书在版编目（CIP）数据

水污染控制工程课程设计及毕业设计/王春荣主编.
北京：化学工业出版社，2013.5（2025.1重印）
ISBN 978-7-122-16713-2

Ⅰ.①水⋯　Ⅱ.①王⋯　Ⅲ.①水污染-污染控制-课程设计-高等学校-教学参考资料②水污染-污染控制-毕业设计-高等学校-教学参考资料　Ⅳ.①X520.6

中国版本图书馆 CIP 数据核字（2013）第 049344 号

责任编辑：刘兴春　　　　　　　　　装帧设计：关　飞
责任校对：宋　夏

出版发行：化学工业出版社（北京市东城区青年湖南街 13 号　邮政编码 100011）
印　　装：北京科印技术咨询服务有限公司数码印刷分部
710mm×1000mm　1/16　印张 10¼　字数 177 千字　2025 年 1 月北京第 1 版第 12 次印刷

购书咨询：010-64518888　　　　　　　售后服务：010-64518899
网　　址：http://www.cip.com.cn
凡购买本书，如有缺损质量问题，本社销售中心负责调换。

定　　价：28.00 元

前　言

　　"水污染控制工程"作为环境工程专业本科阶段一门重要的专业课，是一门"厚基础，重实践"的课程，包括理论教学、实验教学及实践教学等重要部分，随着目前高校及国家对实践教学环节的重视，有关污水处理厂的课程设计及毕业设计显得尤为重要。而由于实践教学时间及学生知识水平有限，现有的《排水工程设计手册》及相关的"水污染控制工程设计"参考书，其要求的设计深度本科生难以达到，致使学生在设计过程中无从下手，无的放矢。为此，本书从本科生的实际能力及水平出发，以锻炼学生基本设计能力为目的，选择常见的、成熟的污水处理技术及工艺，详细介绍了其设计过程及步骤，并给出了工程案例做参考。

　　本书简明、准确、方便和实用，可作为高等学校市政工程、环境工程等专业的本科生实践教学用书，也可为相关专业人士初步接触工程设计提供参考。

　　本书由中国矿业大学（北京）水污染控制工程中心王春荣副教授主编，王建兵副教授、何绪文教授担任副主编。具体分工如下：第一章、第二章由何绪文、王春荣编写，第三章由王春荣、王建兵编写，第四章～第六章由王春荣编写，其中中国矿业大学（北京）的张梦茹、任欣、孙美玲及周蓉同志负责了文字整理、排版及制图工作。全书最后由王春荣统稿，张梦茹同志负责了全书的文字校核。

　　由于编者水平和编写时间所限，书中难免会出现一些疏漏和不妥之处，敬请广大同行和读者批评指正。

编者

2013 年 1 月

目 录

第四章 具体设计步骤及方法 / 35

第一章

绪 论

第一节 污（废）水处理厂工程建设基本程序

我国幅员辽阔，各地气候迥异，经济发展水平差异也很大。目前各城市都面临着不同程度的水环境污染，因此根据城市规模，建立一套与自己的经济发展相适应的控制水污染、保护水环境的方针、政策、标准和法规，同时建设与其经济发展水平相适应的污（废）水处理厂，成为防止因水资源短缺而制约城市社会经济可持续发展的必要手段。

各地区间水环境治理工程的规模、管理、建设资金筹集、运营费用的支付方式均有许多不同之处，甚至各个地方传统文化上的差异，也决定着当地城市管理的巨大差异。但不论各地城市的建设管理存在多大差异，城市污（废）水处理工程从规划设计到建成投产乃至运行管理总体上要经过以下基本建设程序：

城市总体规划→排水工程专项规划→项目立项→可行性研究→初步设计→施工图设计→建设施工→试运行及验收→交付生产。

对于规模较小的工程项目，上述程序一般可适当合并或简化。

一、排水工程专项规划

在城市规划中的专项工程规划中，必然包含排水工程规划。

城市排水工程规划应完成以下主要工作内容。

（1）调查、摸清城市排水工程的现状，包括排水量及其分布、排水方式、排水系统工程及现有河道情况等。

（2）根据经济发展规划、土地规划、人口规划、产业规划、规划城市总体及分区域的排水量、排水方式、排水系统总体布局、中水回用规划、拟建污（废）水处理厂的分布、规模和受水范围、水质情况、污（废）水处理深度、处理后水的出路等。

（3）根据我国的城市规划法，规划阶段分总体规划与详细规划，详细规划经批准后作为排水工程的控制性指导文件。

二、项目立项

根据排水工程规划，经过详细的调查研究和技术经济分析，拟写污水处理厂的项目建议书。根据排水工程规模、投资数额大小以及是否利用外资情况，该建议书经有关部门批准后，污水处理厂建设项目立项。项目立项后，即可进行可行性研究论证。

三、可行性研究

1. 基本任务与要求

可行性研究属于设计前期工作，应根据主管部门提出的项目建议书和委托书进行。其主要任务是论证本工程项目的可行性，根据任务所要求的工程目的和基础资料，运用工程学和经济学的原理，对技术、经济以及效益等诸方面进行综合分析、评价和方案比选，提出本工程的最佳可行性方案。

2. 可行性研究报告的工作成果及用途

可行性研究的工作成果是提出"可行性研究报告"。某些项目的可行性研究，经主管部门批准可简化为可行性方案设计（以下简称方案设计）。

可行性报告（方案设计）经主管部门批准后即可作为初步设计的依据。

3. 可行性研究（方案设计）的投资估算

可行性研究（方案设计）的投资估算与初步设计概算之差，应控制在上下浮动10％以内。

4. 可行性研究报告的编制原则

（1）在城市总体规划指导下，实行污水统一排放规划，严格保护城市水源和环境。

（2）发展和推广污（废）水处理新工艺新技术（高效、节能、简便、易行），以及污水污泥的综合利用技术。

（3）发展和推广节能技术（节电、沼气发电、余热利用等）。

（4）发展采用先进的新材料、新设备。

（5）采用现代化技术手段，实现科学自动化管理，做到技术可靠、经济合理，并按城市规模与经济差异区别对待。

5. 可行性研究报告编写组成内容

前　言

说明工程项目提出背景（改扩建项目要说明企业现有概况）、建设的必要性和经济意义，简述可行性研究报告的编制过程。

1. 总论

（1）编制依据

① 上级部门的有关主要文件和主管部门批准的项目建议书。

② 上级主管部门有关方针政策方面的文件。

③ 委托单位提出的正式委托书和双方签订的合同（或协议书）。

④ 环境影响评价报告书。

⑤ 城市总体规划文件。

（2）编制范围

① 合同（或协议书）中所规定的范围。

② 经双方商定的有关内容及范围。

（3）城市概况

① 城市历史特点、行政区划。

② 城市性质及规模。

③ 自然条件，包括地形、河流湖泊、气象、水文、工程地质、地震、水文地质等。

④ 城市排水现状与规划概况。

⑤ 城市水域污染情况。

2. 方案论证

（1）排放污水水质情况论证。

（2）排放污水水水量情况论证。

（3）污染环境治理论证。

（4）污水处理厂。

① 位置及布局论证。

② 污水、污泥处理与处置工艺论证。

③ 污水和污泥综合处理论证。

④ 污水不经处理或简易处理后向江、河、湖、海排放或回收利用的可行性论证。

（5）大型或较复杂工程应进行系统工程分析的论证。

3. 工程方案内容

（1）设计原则。

（2）污水水质处理程度的确定。

（3）污水处理厂的污水、污泥处理工艺流程，以及污水回用和污泥综合利用的说明。

（4）供电安全程度、自动化管理水平等。

（5）厂、站的绿化及卫生防护。

（6）该扩建项目要说明对原有固定资产的利用情况。

（7）采暖方式、采暖热媒、耗热量以及供热来源等。

4. 管理机构、劳动定员及建设进度设想

（1）管理机构及定员

① 厂、站的管理机构设置。

② 人员编制（附定员表）及生产班次的划分。

（2）建设进度

① 工程项目的建设进度要求和总的安排。

② 建设阶段的划分（附建设进度设想表）。

5. 投资估算及资金筹措

（1）投资估算

① 编制依据与说明。

② 工程投资总估算表（按子项列表）。

③ 近期工程投资估算表（按子项列表）。

（2）资金筹措

① 资金来源（申请国家投资、地方自筹、贷款及偿付方式等）。

② 资金的构成（列表）。

6. 财务及工程效益分析

（1）财务预测

① 资金运用预测（列表说明），根据建设进度表确定项目的分年度投资。

② 固定资产折旧（列表说明）。

③ 污水处理生产成本（列表说明），算出单位水量的费用（元/m³），生产成本结构为：a.药剂费用；b.动力费用；c.工资福利费用；d.固定资产折旧费（包括折旧及大修）；e.养护维修折旧；f.其他费用（行政管理费等）；g.排水收费标准的建议（单位排水量的收费：元/m³）。

（2）财务效益分析

① 算出投资效益。

② 投资回收期（列表）。

（3）工程效益分析

① 节能效益分析。

② 经济效益分析。

③ 环境效益和社会效益分析。

7. 结论和存在的问题

（1）结论

在技术、经济效益等方面论证的基础上，提出污（废）水工程项目的总评价和推荐方案意见。

（2）存在的问题

说明有待进一步研究解决的主要问题。

附1：附图

① 总体平面图。

② 方案比较示意图。

③ 主要工艺流程图。

附2：附件

各类批件和附件。

四、污（废）水处理厂初步设计

1. 基本任务与要求

初步设计应根据批准的可行性研究报告（方案设计）进行，其主要任务是明确工程规模、设计原则和标准，深化可行性研究报告提出的推荐方案并进行局部的方案比较，提出拆迁、征地的范围和数量，以及主要工程数量、主要材料设备数量，编制设计文件及工程概算。

对未进行可行性研究（方案设计）的设计项目，在初步设计阶段应进行方案比选工作，并应符合规定的深度要求。

2. 工作成果及用途

初步设计阶段的成果是初步设计文件，经主管部门批准后即可作为施工图设计的依据。

3. 初步设计文件组成及深度

基本要求

① 初步设计应明确工程规模、建设目的、投资效益、设计原则和标准，深化设计方案，确定拆迁、征地范围和数量，提出设计存在的问题、注意事项及有关建议，其深度应能控制工程投资，满足审批、编制施工图设计、主要设备订货、招标以及施工准备的要求。

② 初步设计文件应包括：设计说明书、设计图纸、主要工程数量、主要材料设备数量和工程概算。

③ 初步设计文件应按以下所附规定编制，在编制过程中根据工程具体情况，对内容编排可做适当调整或加入新的内容，但基本组成不得删减。

附：排水工程初步设计文件组成及深度

1. 设计说明书

（1）概述

① 设计依据。

说明设计任务书（计划任务书），设计委托书及选厂报告等的批准机关、文号、日期，批准的主要内容，设计委托单位的主要要求。

② 主要设计资料。

资料名称、来源、编制单位及日期（部分资料除外），一般包括用水、用电协议，环保部门的同意书，流域或区域环境治理的可行性研究报告等。

③ 城市（或区域）概况及自然条件。

建设现状、总体规划分期修建计划及其有关情况，概述地形、地貌、工程地质、地下水水位、水文地质、气象、水文等有关情况。

④ 现有排水工程概况。

现有污水、雨水灌渠泵站、处理厂的水量、位置、处理工艺、设施的利用情况，工业废水处理程度，水体及环境污染、积水情况及存在的问题。

（2）设计概要

① 总体设计。

1）排水量计算及水质。说明雨水管设计采用的雨量公式、集水时间、重现期、径流系数等设计参数的依据。

汇总各工业企业内部现有和预计发展的生产污水、生产假定净水和生活污水水量、水质，说明住宅区规划发展的生活污水量和确定生活污水量标准和变化系数的理由，并综合说明近、远期总排水量及工程分期建设的确定。

如水质有碍生化处理或污水管的运用时应提出解决措施意见。

2）天然水体。说明排水区域内天然水体的名称、卫生状况、水文情况（包括代表性的流量、流速、水位和河床性质等）。现在使用情况及当地环保部门对水体的排放要求。

3）排水系统选择。根据城镇总体规划、分期建设、流域环境保护治理的要求，结合排水设施现状，提出几个可能的排水系统方案，进行技术经济比较，论证方案的合理性和先进性，择优推荐方案，列出方案的系统示意图。

② 雨水（或河流）管渠设计。

1）管渠设计：说明雨水管渠系统布置原则，汇水面积，干管（渠）走向、长度，管渠尺寸、采用材料、基础处理、接口形式、采用最小流速、出口排水量和埋置深度。

2）泵站设计：采用中途或出口泵站排除雨水时，说明采用泵站的形式，主要尺寸、埋深、设备选型、台数与性能、运行要求、主要设计数据。

3）特殊构筑物设计：倒虹管的布置，管材、直径、长度等的说明。

③ 污水管渠设计。

1）管渠设计：说明布置原则，干管走向、长度，管渠尺寸、埋设深度、管渠材料、基础处理、接口形式，采用的最小流速。

2）泵站设计：干管上中途泵站站址的选择和位置，紧急排出口措施，采用泵站的形式、主要尺寸、埋深、设备选型、台数与性能、运行要求、主要设计数据。

3）特殊构筑物设计：如倒虹管的说明。

④ 污水处理厂设计。

1）说明污水处理厂位置的选择，选定厂址考虑的因素，如地理位置、地形、地质条件、防洪标准、卫生防护距离与城镇布局关系，占地面积等。

2）根据进厂的污水量和污水水质，说明污水处理和污泥处置采用的方法选择，工艺流程，总平面布置原则，预计处理后达到的标准。

3）按流程顺序说明各构筑物的方案比较或选型、工艺布置、主要设计数据、尺寸、构造材料及所需设备选型、台数和性能、采用新技术的工艺原理特点。

4）说明采用的污水消毒方法或深度处理的工艺及其有关说明。

5）根据情况说明处理处置后的污水、污泥的综合利用，对排放水体的卫生环境影响。

6）简要说明厂内主要辅助建筑物及生活福利设施的建筑面积及使用功能。

7）说明厂内给水管及消火栓的布置，排水管布置及雨水排除措施、道路标准、绿化设计。

⑤ 建筑设计。

1）说明根据生产工艺要求或使用功能确定的建筑平面布置、层数、层高、装修标准，对室内热工、通风、消防、节能所采取的措施。

2）说明建筑物的立面造型及其周围环境的关系。

3）辅助建筑物及职工宿舍的建筑面积和标准。

⑥ 结构设计。

1）工程所在的地区和风荷、雪荷、工程地质条件、地下水位、冰冻深度、地震基本烈度。对场地的特殊地质条件（如软弱基地、膨胀土、滑坡、溶洞、冻土、采空区、抗震的不利地段等）应分别予以说明。

2）根据构筑物使用功能，生产需要所确定的使用荷载、土壤允许承载力、设计抗震烈度等，阐述对结构的特殊要求（如抗浮、防水、防爆、防震、防蚀等）。

3）阐述主要构筑物的大型管渠结构设计的方案比较和确定，如结构选择、地基处理及基础形式，伸缩缝、沉降缝和抗震缝的设置，为满足特殊使用要求的结构处理，主要结构材料的选用，新技术、新结构、新材料的采用。

4）必要时应概述对重要构筑物，管渠穿越河道、倒虹管、复杂的管渠排出口等特殊工程的施工方法。

⑦ 采暖、通风设计。

1）说明室外主要气象参数，各构（建）筑物的计算温度，采暖系统的形式及其组成，管道敷设方式、采暖热媒、采暖耗热量、节能措施。

2）计算总热负荷量，确定锅炉设备选型（或其他热源）、供热介质及设计参数，锅炉用水水质软化及消烟除尘措施，简述锅炉房组成，附属设备同设备的布置。

3）通风系统及其设备选型，降低噪声措施。

⑧ 供电设计。

1）说明设计范围及电源资料概况。

2）电源及电压：说明电源电压，供电来源，备用电源的运行方式，内部电压选择。

3）负荷计算：说明用电设备种类，并以表格表明设备容量，计算负荷数值和自然功率因数。功率因数补偿方法，补偿设备以及补偿后功率因数结果。

4）供电系统：说明负荷性质及其对供电电源可靠程序要求，内部配电方式，变电所容量、位置、变电器容量和数量的选定及其安装方式（室内或室外），备用电源、工作电源及其切换方法、照明要求。

5）保护和控制：说明采用继电保护方式。控制的工艺过程，各种遥测仪表的传递方法、信号反应、操作电源等的简要动作原理和连锁装置，确定防雷保护措施，接地装置。

6）泵房操作以及变、配电构筑物的布置、结构形式和要求。

7）计量：说明安装作商业计算及生产管理用各类仪表。

⑨ 仪表、自动控制及通信设计。

1）说明仪表、自动控制设计的原则和标准，仪表、自动控制测定的内容、各系统的数据采集和调度系统。

2）说明通信设计范围及通信设计内容，有线及无线通信。

⑩ 机械设计。

1）说明所选用标准机械设备的规格、性能、安装位置及操作方式，非标准机械的构造形式、原理、特点以及有关设计参数。

2）说明维修车间承担的维修范围，车间设备的型号、数量和布置。

⑪ 环境保护。

1）处理厂所在地点对附近居民点的卫生环境影响。

2）排放水体的稀释能力，排放水排入水体后的影响以及用于污水灌溉的可能性。

3）污水回用、污泥综合利用的可能性及出路。

4）处理厂处理效果的监测手段。

5）锅炉房消烟除尘措施和预期效果。

6）降低噪声措施。

（3）人员编制及经营管理

① 提出需要的运行控制机构和人员编制的建议。

② 提出年总成本费用，并计算每立方米的排水成本费用。

③ 单位水量的投资标准。

④ 安全措施。

⑤ 关于分期投资的确定。

（4）对于阶段设计要求

① 需设计审批时解决或确定的主要问题。

② 施工图设计阶段需要的资料和勘测要求。

2. 工程概算书

内容要求见《概（预）算文件组成及深度》。

3. 主要材料及设备表

提出全部工程及分期建设需要的三材、管材、及其他主要设备、材料的名称、规格（型号）、数量等（以表格方式列出清单）。

4. 设计图纸

初步设计一般应包括下列图纸，根据工程内容可增加或减少。

（1）总体布置图（流域面积图）　比例一般采用（1：5000）～（1：25000），图上表示出地形、地物、河流、道路、风玫瑰（指北针）等；标出坐标网，绘出现有和设计的排水工程系统级流域范围，列出主要工程项目表。

（2）污水处理厂

① 污水处理厂平面图：比例一般采用(1：200)～(1：500)，图上表示出坐标轴线、等高线、风玫瑰等尺寸，绘出现有和设计的建筑物及主要管渠、围墙、道路及相关位置，列出建筑物和辅助建筑物一览表和工程量表。

② 污水、污泥流程断面图：采用比例竖向(1：100)～(1：200)表示出生产流程中各种构筑物及其水位标高关系及主要规模指标。

③ 建筑总平面图：对于较大的厂应绘制，并附厂区主要技术经济指标。

（3）主要排水干管、干渠平面、纵断面图 采用比例一般横向(1：1000)～(1：2000)，纵向(1：100)～(1：200)，图上表示出原地面标高、管渠底标高、埋深、距离、坡度并注明管径（渠断面）、流量、充盈度、流速、管材、接口型式、基础类型、穿越铁路、公路、交叉管渠的标高，并注明交叉管渠的标高，管径（渠断面）以及倒虹管、检查井等的位置，纵断面图下有管道平面图，表示出地形、地物、道路、管渠平面位置、检查井平面位置，转角度数、坐标，平面和纵断面相互对应，末页列出工程量表。

（4）主要构筑物工艺图 采用比例一般(1：100)～(1：200)，图上表示出工艺布置、设备、仪表及管道等安装尺寸、相关位置、标高（绝对标高）。列出主要设备一览表，并注明主要设计技术数据。

（5）主要构筑物建筑图 采用比例一般为(1：100)～(1：200)，图上表示出结构形式，基础做法，建筑材料，室内外主要装修门窗等建筑轮廓尺寸及标高，并附技术经济指标。

（6）主要辅助建筑物建筑图 如综合楼、车间、仓库、车库等，可参照上述要求。

（7）供电系统和主要变、配电设备布置图 表示变电、配电、用电启动保护等设备位置、名称、符号及型号规格，附主要设备材料表。

（8）自动控制仪表系统布置图 仪表量多时，绘制系统控制流程图；当采用微机时，绘制微机系统框图。

（9）通风、锅炉房及供热系统布置图。

（10）机械设备布置图 采用比例(1：50)～(1：200)，图上表示出工艺设置、设备位置，标注各主要部件名称和尺寸，提出采用的设备规格和数量。

（11）非标机械设备总装简图 采用比例(1：50)～(1：20)，图上注明主要部件名称、外廓尺寸及传动设备功率等。

五、污（废）水处理厂的施工图设计

1. 基本任务与要求

（1）施工图设计应按照批准的初步设计内容、规模、标准及概算进行。其主要任务是提供能满足施工、安装、加工和使用要求的设计图纸、说明书、材料设备表以及要求设计部门编制的施工预算。

（2）施工图设计如果与已经批准的初步设计有较大变动时，需经原审批部门批准，如果建设单位提出更大变更时，需通过计划管理部门，重新安排任务。

（3）小型及零星建设项目，经主管部门同意，可一次进行施工图设计。

2. 工作成果及用途及深度要求

（1）施工图设计阶段的成品是施工图设计文件，它是工程进行施工的依据。

（2）施工图设计文件应符合以下所附"深度规定"的要求如下。

附：排水工程施工图设计文件组成及深度

1. 设计说明书

（1）设计依据

① 摘要说明初步设计批准的机关、文号、日期及主要审批内容。

② 施工图设计资料依据。

（2）设计变更部分

对照初步设计阐明变更部分的内容、原因、依据等。

① 施工安装注意事项及质量验收要求，有必要时另编主要工程施工方法设计。

② 运转管理注意事项。

2. 修正概算或工程预算

修正概算与初步设计的设计概算编制要求相同，工程预算的编制要求见《概（预）算文件组成及深度》。

3. 主要材料及设备表

4. 设计图纸

（1）总体布置图

采用比例(1：2000)～(1：10000)，图上内容基本同初步设计，而要求更为详细确切。

(2) 污水处理厂

① 污水处理厂平面图。比例(1：200)～(1：500)，包括风玫瑰图、等高线、坐标轴线、构筑物、围墙、绿地、道路等的平面位置，注明厂界四角坐标及构筑物四角坐标或相对位置，构筑物的主要尺寸，各种管渠及室外地沟尺寸、长度、地质钻孔位置等，并附构筑物一览表、工程量表、图例及有关说明。

② 污水、污泥工艺流程断面图。采用比例竖向(1：100)～(1：200)，表示出生产工艺流程中各构筑物及其水位标高关系，主要规模指标。

③ 工程规模较大或构筑物较多者，应绘制建筑总平面图，并附厂区主要技术经济指标。

④ 竖向布置图。对地形复杂的污水厂进行竖向设计，内容包括厂区原地形、设计地面、设计路面、构筑物标高及土方平衡数量图标。

⑤ 厂内管渠结构示意图。表示管渠长度、管径（渠断面）、材料、闸阀及所有附属构筑物，节点管件、支墩，并附工程及管件一览表。

⑥ 厂内排水管渠纵断面图。表示各种排水管渠的埋深、管底标高、管径（断面）、坡度、管材、基础类型、接口方式、排水井、检查井、交叉管道的位置、标高、管径（断面）等。

⑦ 厂内各构筑物和管渠附属设备的建筑安装详图。采用比例(1：10)～(1：50)。

⑧ 管道综合图。当厂内管线布置种类多时，对于干管干线进行平面综合，绘出各管线的平面布置，注明各管线与构筑物、建筑物的距离尺寸和管线间距尺寸，管线交叉密集的部分地点，适当增加断面图，表明各管线间的交叉标高，并注明管线及地沟等的设计标高。

⑨ 绿化布置图。比例同污水处理厂平面图。表示出植物种类、名称、行距和株距尺寸、种栽位置范围，与构筑物、建筑物、道路的距离尺寸、各类植物数量（列表或旁注），建筑小品和美化构筑物的位置、设计标高，如无绿化投资，可在建筑总平面图上示意，不另出图。

(3) 排水管渠

① 平纵断面图。一般采用比例横向(1：1000)～(1：2000)，纵向(1：100)～(1：200)，图上包括纵断面图与平面图两部分，上下对应，并绘

出地质柱状图，其他内容同初步设计，末页附工程量表。

②各种小型附属构筑物详图。包括排水井、跌水井、雨水井、排水口等。

③倒虹管（涵）以及穿越铁路、公路等详图。采用比例(1：100)～(1：500)。

(4) 单体构筑物设计图

①工艺图。总图比例一般采用(1：50)～(1：100)，分别绘制平面、剖面图及详图，表示工艺布置，细部构造，设备，管道、阀门、管件等的安装位置和方法，详细标注各部尺寸和标高（绝对标高），引用的详图、标准图，并附设备管件一览表以及必要的说明和主要技术数据。

②建筑图。总图比例一般采用(1：50)～(1：100)，分别绘制平面、立面、剖面图及各部构造详图，节点大样，注明轴线间尺寸各部分及总尺寸、标高，设备或基座位置、尺寸与标高等，留孔位置的尺寸与标高，表明室外用料、室内装修做法及有特殊要求的做法。引用的详图、标准图并附门窗表及必要的说明。

③结构图。总图比例一般采用(1：50)～(1：100)，绘出结构整体及结构详图，配筋情况，各部分及总尺寸标高，设备或基座等位置、尺寸与标高，留孔、预埋件等位置、尺寸与标高，地基处理、基础平面布置、结构形式、尺寸、标高、墙柱、梁等位置及尺寸屋面结构布置及详图。引用的详图、标准图。汇总工程量表，主要材料表、钢筋表（根据需要）及必要的说明。

④采暖、通风、照明、室内给水安装图。表示出各种设备、管道、线路布置与建筑物的相关位置和尺寸绘制有关安装详图、大样图、管线透视图，并附设备一览表和必要的设计安装表说明。

⑤辅助建筑。包括综合楼、维修车间、锅炉房、车库、仓库、宿舍、各种井室等，设计深度参照单体构筑物。

(5) 电气

①厂（站）高、低压变配电系统图和一、二次回路接线原理图。包括变电、配电、用电启动和保护等设备型号、规格和编号，附设备材料表，说明工作原理，主要技术数据和要求。

②各构筑物平面、剖面图。包括变电所、配电间、操作控制间电气设备位置，供电控制线路敷设，接地装置，设备材料明细表和施工说明及注意事项。

③ 各种保护和控制原理图、接线图。包括系统布置原理图，引出或引入的接线端子板编号、符号和设备一览表以及动作原理说明。

④ 电气设备安装图。包括材料明细表，制作或安装说明。

⑤ 厂区室外线路照明平面图。包括各构筑物的布置，架空和电缆配电线路、控制线路及照明布置。

⑥ 非标准配件加工详图。

（6）自动控制

需要表示出带有关工艺流程的检测与自控原理图，仪表及自控设备的接线图和安装图，仪表及自控设备的供电、供气系统图的管线图，控制柜、仪表屏、操作台及有关自控辅助设备的结构图和安装图，仪表间、控制室的平面布置图，仪表自控部分的主要设备材料表。

（7）非标准机械设备

① 总装图。表明机械构造部件组装位置、技术要求、设备性能、使用须知及其注意事项，附主要部件一览表。

② 部件图（组装图）。表明装配精度和必要的技术措施（如防潮、防腐蚀及润滑措施等）。

③ 零件图。表明工件加工详细尺寸、精度等级、技术指标和措施。

六、设计后期工作

1. 配合施工

（1）项目施工开始后，设计单位应根据项目的具体情况，安排有关设计人员常驻现场或根据工程需要不定期到现场配合施工。

（2）配合施工的内容

① 施工图交底。

② 加工及安装交底。

③ 解决与设计有关的施工问题。

④ 设计局部变更或会签施工洽商单。

⑤ 处理施工中发生的质量事故*。

⑥ 参加隐蔽工程及工程竣工验收*。

注：* 现为工程监理负责。

2. 工程试运转和设计回访

（1）大型工程或技术复杂的工程，在工程完成后，应组织设计人员参加试运转，进行有选择性的测试，验证设计数据和协助进行生产运行。

（2）对于某些大型或具有特点的工程，在工程运行一定时间后应组织设计人员进行设计回访，了解使用情况，征求对设计的意见，进行质量信息反馈。

（3）参加试运转及设计回访应按照市政工程设计后期工作一般规定进行，回访后由各专业负责人组织编写设计回访报告。

3. 设计质量复评及工程设计总结

（1）在工程完工，试运行及设计回访中发现重大设计问题，当认定原设计质量评定不当时，应进行设计质量复评，质量复评工作由原设计质量审定人负责组织。

（2）对于大型及技术复杂或有特点的工程设计，应在施工、试运行、设计回访的基础上，进行工程设计总结，全面总结设计的优缺点和经验教训，并进行信息反馈，将成功的经验纳入制度或有关规定加以推广，将存在的问题纳入质量管理目标，采取措施加以解决，使设计质量、水平和效益不断提高。

工程设计总结项目可列入业务建设计划。一般工程项目的设计总结可纳入完工报告。

第二节　课程设计及毕业设计目的、要求及深度

一、课程设计与毕业设计的目的

1. 课程设计的目的

（1）复习和消化水污染控制工程课程讲授的内容，理论初步联系实际，培养分析问题和解决问题的能力。

（2）了解并掌握污水处理的一般设计方法和步骤，具备初步的独立设计能力。

（3）提高综合运用所学的理论知识独立分析和解决问题的能力。

2. 毕业设计的目的

（1）培养学生收集资料及加工整理资料的能力。

（2）培养学生创新意识和独立工作能力。

（3）培养学生综合运用所学的基本理论、基本知识和基本技能、分析解决实际问题的能力。

（4）培养学生的工作意识，增强学生的工程实践能力。

（5）培养学生设计运算能力及专业设计手册的使用能力。

（6）培养学生计算机操作及应用能力。

（7）培养学生方案分析论证能力。

（8）通过设计，学生应熟悉并掌握与污水处理工程建设有关的方针政策、标准规范。

（9）培养学生工程制图及设计计算说明书的编写能力。

二、课程设计与毕业设计的内容及深度

1. 课程设计的内容及深度

对污水处理厂主要污水处理构筑物的工艺尺寸进行设计计算，确定污水厂的平面布置和高程布置。最后完成设计计算说明书和设计图，其中包括污水处理厂平面布置图、高程图和主体构筑物工艺结构图。

2. 毕业设计的内容及深度

对污水处理厂中各个污水及污泥处理构筑物的工艺尺寸进行设计计算，确定污水厂的平面布置和高程布置。最后完成设计计算说明书和设计图，设计图纸要求基本达到初步设计要求。

三、课程设计与毕业设计的成果要求

1. 课程设计的成果要求

（1）首先，在课程设计中建议二级处理主体工艺采用最成熟的活性污泥法，以便使学生能熟悉设计的整个过程。

（2）设计水质根据典型的城市污水的水质特点，具体水质参数通过任务书给定。

（3）设计出水要求达到《污水综合排放标准》GB 8978—1996 一级 A 的

要求。

（4）设计说明书全部使用机打，具体的版面布置、字体和格式参照相关模板。

（5）由于课程设计时间较短，说明书中除设计水量、水质外，主要介绍设计计算的整个过程，对于除主体构筑物活性污泥曝气池外的其他建构筑物尺寸，通过计算只要算出其长、宽和深即可，对于主体构筑物活性污泥曝气池要做详细计算。

（6）一共要求画3张图（平面布置图，高程布置及主体构筑物结构图）均采用1号图纸，其中手画图2张，计算机出图1张。

2.毕业设计的成果要求

（1）要求所设计的处理工艺稳定可靠。

（2）对所选工艺进行详细的设计计算，思路流畅，条理清晰。

（3）对所选工艺总投资和运行成本进行估算和效益分析。

（4）设计图纸基本达到初步设计要求，其中手绘图不少于3张。

（5）具体设计说明书格式按照各个学校对毕业论文（设计）具体要求完成。

第二章
工程制图相关知识

第一节 设计图纸

（一）图纸幅面与标题栏

在污（废）水处理工程中，常用的图纸幅面为 A0、A1、A2、A3、A4、A5，它们的具体规格见表 2-1，标题栏应放置在图纸右下角，宽 180mm，高 40～50mm，应包括设计单位名称、签字、工程名称、图名、图号和注册建筑师、注册结构师签名。

表 2-1　图纸幅面　　　　　　　　　　　　　　单位：mm

基本幅面代号	0	1	2	3	4	5
$b \times l$	841×1189	584×841	420×594	297×420	210×297	148×210
c	10			5		
a	25					

（二）比例

1. 水污染控制工程图

水污染控制工程图所用的比例参见表 2-2 规定选用。水污染控制工程图一般用阿拉伯数字表示比例，注写位置一般与图名一起放在图形下面的横粗线上。若整张图纸只用一个比例时，可以注写在图标内图名的下面；详图比例须注写在详图图名右侧。对于项目的给水排水关系系统图可以不按准确比例尺绘制，只示意性表示走向。

表 2-2　水污染控制工程图比例

名称	比例
区域规划图	1：500000,1：10000,1：5000,1：2000
区域位置图	1：10000,1：5000,1：2000,1：1000
厂区(小区)平面图	1：2000,1：1000,1：500,1：200
管道纵断面图	横向1：1000,1：500;纵向1：200,1：100
水处理厂平面图	1：1000,1：500,1：200,1：100
水处理流程图	无比例
水处理高程图	无比例
水处理构筑物平剖面图	1：60,1：50,1：40,1：30,1：10
泵房平剖面图	1：100,1：60,1：50,1：40,1：30
室内排水平面图	1：300,1：200,1：100,1：50
排水系统图	1：200,1：100,1：50
设备加工图	1：100,1：50,1：40,1：30,1：20,1：10,1：2,1：1
部件、零件详图	1：50,1：40,1：30,1：20,1：10,1：5,1：3,1：2,1：1,2：1

2. 机械（设备）图比例

绘制机械图样的比例参考表 2-3。对于同一部件或设备的不同视图，应采用相同的比例。

表 2-3　机械图的比例（n 为正整数）

与实物相同	1：1
缩小比例	1：2,1：2.5,1：3,1：4,1：5,1：10^n,1：(2×10^n),1：(5×10^n)
放大比例	2：1,2.5：1,4：1,5：1,10：1,10^n：1

（三）图线

绘制图纸时要采用不同线型、不同线宽来表示不同的含义。绘图常用线型有实线、虚线、点划线、双点划线、折断线等。图纸各种线条的宽度可根据图幅的大小决定，同一图样中同类型线条的宽度应有一定比例，以保持图纸层次清晰。图中线宽一般以粗实线宽度"b"而定，具体如表 2-4 所列。

（四）尺寸注写规则

尺寸界线应自图形的轮廓线、轴线或中心线处引出，与尺寸线垂直并超出尺寸线约 2mm；一般情况下尺寸界线应与尺寸线垂直，当尺寸界线与其他图线有重叠情况时，允许将尺寸界线倾斜引出；尺寸线应尽量不与其他图线相交，

表2-4　绘图常用线形及适用范围

序号	名称		线号	宽度	适用范围
1	实线	粗实线	———————	b	（1）新建各种工艺管线； （2）单线管路线； （3）轴侧管路线； （4）剖切线； （5）图名线； （6）钢筋线； （7）机械图可见轮廓线； （8）图标、图框的外框线
2		中实线	—————	$b/2$	（1）工艺图构筑物轮廓线； （2）结构图构筑物轮廓线； （3）原有各种工艺管线
3		细实线	———————	$b/4$	（1）尺寸线、尺寸界线； （2）剖面线； （3）引出线； （4）重合剖面轮廓线； （5）辅助线； （6）展开图中表面光滑过渡线； （7）标高符号线； （8）零件局部的放大范围线； （9）图标、表格的分格线
4	虚线（首末或相交处应为线段）	粗虚线	— — — — —	b	（1）新建各种工艺管线； （2）不可见钢筋线
5		中虚线	— — — — —	$b/2$	（1）建筑物不可见轮廓线； （2）机械图不可见轮廓线
6		细虚线	- - - - - - - -	$b/4$	土建图中已被剖去的示意位置线
7	点划线（首末或相交处应为线段）	粗点划线	— · — · — ·	b	平面上吊车轨道线
8		中点划线	— · — · — ·	$b/2$	结构平面图上构件（屋架、层面梁、楼面梁、基础梁、边系梁、过梁）布置线
9		细点划线	— · — · — ·	$b/4$	（1）中心线； （2）定位轴线
10	折断线		〜〜〜	$b/4$	折断线

相交，安排平行尺寸线时，应使小尺寸在内，大尺寸在外；轮廓线、轴线、中心线或延长线，均不可作为尺寸线使用。

标注半径、直径、角度、弧长等尺寸时，尺寸起止符号用箭头表示。

尺寸单位除标高以米（m）为单位外，其余一般均以毫米（mm）为单位，特殊情况需用其他单位时需注明计量单位。

构筑物或零件的真实大小以图样上所注的尺寸为依据，与图形的大小及绘图的准确度无关。

一个图形中每一个尺寸一般仅标注一次，但在实际需要时也可重复标注出。

（五）标高

一律以米为单位，标注到小数点后 3 位。一般情况下，同一工程应采用一种标高（相对标高）来控制，并选择一个标高基准点。

标高符号一律以倒三角加水平线形式表达，在特殊情况下或注写数字的地方不够时，可用引出线（垂直于倒三角底边）移出水平线；总平面图上室外水平标高，必须以全部涂黑的三角形标高符号表示。

对于压力管道，应标注管中心标高；沟渠和重力流管道宜标注沟渠或管道内底标高。

对于水处理构筑物，应标注其主要结构部位的标高，如地面、池顶、池底、出水堰、水面、管道的管顶和管底等。

（六）管径表达与标注

焊接钢管管径宜以外径 $D×$壁厚表示（如 $D200×6$）；镀锌管、铸铁管管径宜采用公称直径 DN 表示（如 $DN200$）；混凝铁管、钢筋混凝土管、陶土管等采用内径 d 表示；对塑料管，管径采用产品标准方法表示。

（七）剖切符号

绘制图纸剖面图时，必须用剖切符号指明剖切位置和投影方向，对其进行编号（用阿拉伯数字表示），并在剖面下面标注相应名称。

剖切符号由剖切位置线和剖视方向线表示。剖切位置线用粗实线表示，在图中不得与其他图线相交，一般至多转折一次。剖视方向线应与剖切位置垂直相交，其中投影方向上的线段长一些，并在其末端标注剖切符号的编号。

（八）坐标

地形图或平面图通常用坐标来控制地形地貌或构筑物的平面位置，因为任何一个点的位置，都可以根据它的纵横两轴的距离来确定。需要注意的是，数学上通常以横轴作 X，纵轴作 Y，而地形图和平面图上经常以纵轴作 X，横轴作 Y，二者计算原理相同，但使用的象限不同。

（九）方向标

指北针：在工程设计平面图中，一般以指北针表明建筑物的朝向，指北针用细实线绘制，圆的直径为 24mm，指北针头部为针尖形，尾部宽度为 3mm，用黑实线表示。

风玫瑰图（风向频率玫瑰图）：可指出工程所在地的常年风向频率、风速及朝向。风向是指来风方向，即从外面吹向地区中心。风向频率指在一定时间内各种风向出现的次数占所有观测次数的百分比。

（十）设计说明

同一张图形中的特殊说明部分应用设计说明进行详细阐述，设计说明标注在图形的下方或者右侧，用文字表示图形中不明之处。

（十一）图纸折叠方法

不装订的图纸折叠时，应将图面折向外方，并使右下角的图标露在外面。图纸折叠后的大小，应以 4 号基本幅画的尺寸（297mm×210mm）为准。需装订的图纸折叠时，折成的大小尺寸为 297mm×185mm，按图的顺序装订成册。

第二节　制图方法及常用表达方法

在实际生产中，有些物体的形状和结构比较复杂，为了把它们的内外部形状完整、清晰地表达出来，国家标准 GB/T 17451—1998、GB/T 17452—1998《图样画法》等规定了图样的各种画法，如视图、剖视图、断面图、局部放大图、简化画法等，成为工程技术人员绘图时共同遵守的规则。本节将着重介绍其中一些常用的画法。

一、视图

视图有基本视图、向视图、局部视图和斜视图，主要用于表达物体的外形。

1. 基本视图

六个投影面组成一个正六面体，该正六面体的六个面成为基本投影面。基本视图是物体想基本投影面投射所得的视图。除了主、俯、左视图外，再由右向左、由下向上、由后向前投射，分别得到右视图、仰视图、后视图。将正面投影面保持不动，旋转其他投影面，展开到与正面投影面共面后得到的六个投影图，即六个基本视图。

2. 向视图

向视图是可自由配置的视图，是基本视图的一种表达方式。标注方法是：在向视图的上方标注"X"（"X"为大写拉丁字母），在相应的视图附近用箭头指明投射方向，并注上同样的字母。

3. 局部视图

只需表达物体的某一部分结构形状时，可将该部分向基本投影面投射，所得到的视图称为局部视图。

画局部视图时应注意下列几点。

（1）局部视图的断裂边界应以波浪线或双折线表示。若被表达部分机构完整且其外轮廓线成封闭时，波浪线可省略。

（2）局部视图一般在它的上方标出视图的名称"X"（"X"一般为大写拉丁字母），在相应视图附近用箭头指明投射方向，并注上相同字母。当局部视图按投影关系配置，中间又没有其他图形隔开时，可以省略标注。

（3）对称物体的视图只可画到 1/2 或 1/4，在对称中心线两端画出 2 条与其垂直的平行细实线。

4. 斜视图

将物体向不平行于基本投影面的平面投射所得到的视图称为斜视图。当物体某一部分结构形状倾斜于某基本投影面而不宜采用基本视图表达时，可采用斜视图表示。

画斜视图时应注意以下几点。

（1）斜视图一般只画局部，其配置和标注方法，以及断裂线的画法与局部视图基本相同，但需注意：标注的箭头要垂直于被表达的倾斜部分，字母及斜视图上方相应的字母要按水平位置书写。为了绘图方便，允许图形旋转，但需在斜视图上方注明。

（2）对于不反映倾斜部分真实形状的其他视图，一般可用局部视图画出。

二、剖视图

剖视图用于表达物体的内部形状或同时表达外部形状和内部形状。

（一）剖视图的概念

当物体内部结构比较复杂时，在视图中就会出现许多细虚线或细虚线与粗实线重叠现象，影响图形清晰，给读图和标注尺寸带来不便。为使细虚线转变为粗实线，需采用剖视图。

假想用剖切面将物体剖开，移去观察者和剖切面之间的部分，而将其余部分向与剖切面平行的投影面投射所得到的图形称为剖视图，简称剖图。

（二）剖图的画法和标注

（1）剖切后，剖切面与形体截交生成了断面图形。在断面投影部分画上规定的剖面符号。对于金属材料，其剖面符号为与水平成 45°的等距细实线。在国家标准《机械制图　剖面符号》（GB/T 4457.5—1984）中规定了各种不同材料的剖面符号。

（2）画剖视图时要对剖切位置与投射方向进行标注。标注的方法是：在相应的视图上，规定用长 5～10mm 的粗短画表示剖切面起、迄和转折位置，用与起、迄粗短画线外端相垂直的箭头表示投射方向；在粗短画线附近标注字母；在剖视图上方用相同字母"X-X"注出剖视图的名称，表示与相应视图间的对应关系。

（3）当剖视图按投影关系配置，中间又没有其他图形隔开时，可以省略箭头；再若剖切面与物体的对称面重合，则可以不标注。

（4）另外注意到，由于剖切是假想的，所以当一个视图画成剖视图后，其他视图仍为完整物体的投影。在剖视图中已表达清楚的物体内形，在其他视图上不必再画出表示该部分内形的细虚线。

（三）剖视图的种类

剖视图分为全剖视图、半剖视图和局部剖视图三种。

1. 全剖视图

用剖切面把物体完全地剖开后所得到的剖视图，称为全剖视图。

全剖视图用于表达内形比较复杂、外形比较简单的物体。如比较复杂的外形需要表达时，则应增加外形视图或改用其他剖视图。全剖视图按照前面所述的剖视图的标注方法进行标注。

2. 半剖视图

当物体具有对称平面时，向垂直于对称平面的投影面上投射所得的图形，可以对称中心线为界，一半画成视图，另一半画成剖视图，这种组合的图形称为半剖视图。

半剖视图同时表达了物体的内形和外形。

3. 局部剖视图

用剖切图局部剖开物体，所得到的剖视图称为局部剖视图。

局部剖视图是一种比较灵活的兼顾内形和外形的表达方法，且不受条件限制。局部剖视图采用的剖切平面的位置与剖切范围，可根据表达物体结构形状的需要而决定。

（四）剖切面的种类

由于物体结构形状的不同，可选择三种不同的剖切面剖开物体。

1. 单一剖切面

包括平行于某一基本投影面的单一平面和不平行于任何基本投影面的单一平面。

2. 两个或两个以上相互平行的剖切平面

当物体上具有几个不在同一剖切平面上，而又需要剖切表达的结构形状时，可以用几个相互平行的剖切平面剖开物体，得到全剖视的主视图。

3. 几个相交的剖切平面（交线垂直于某基本投影面）

把倾斜的剖切平面剖到的结构转到与选定的基本投影面平行的位置，再进行投射的剖切方法称为旋转剖。

三、断面图

假想用剖切平面在垂直于物体轮廓线或回转面的轴线处切断，仅画出断面的图形，称为断面图，可简称断面。断面主要用来表达物体某部分断面的形状，常用于肋板、轮辐、槽、孔等的表达。

断面图可分为移出断面图和重合断面图两种。

1. 移出断面图

把断面图画在机件图形之外，这种断面图称为移出断面图。移出断面图的轮廓线要用粗实线画出。

2. 重合断面图

将断面画在物体图形之内，这种断面称为重合断面。重合断面是在物体断面形状简单、断面图形画在物体图形中又不影响图形清晰的情况下使用。重合断面的轮廓线用细实线绘制。当视图中的轮廓线与重合断面图形重叠时，视图中的轮廓线仍完整画出。

四、其他常用表达方法

1. 局部放大图

将物体的部分结构用大于原图形所采用的比例画出的图形，称为局部放大图。

画局部放大图时，用细实线圈出被放大部位，并在其附近画出局部放大图。当同一物体需多处放大表达时，需用罗马数字依次标明被放大的部位，并在局部放大图的上方标注相应的罗马数字和采用的比例。局部放大图可画成视图、剖视图、断面图，它与被放大部分的表达方式无关。

2. 简化画法

下面介绍国家标准所规定的部分简化画法。

（1）对于物体的肋、轮辐、薄壁等，如按纵向剖切，这些结构都不画剖切符号，并用粗实线将它与其相邻接部分分开。

（2）当物体具有均匀分布的肋、轮辐、孔等结构不处于剖切平面上时，应假想将这些结构旋转到平行于某投影面的位置。

（3）当图形对称时，可画略大于一半。

（4）当物体具有若干相同结构（孔、齿、槽等），并按一定规律分布时，只需画出几个完整结构，其余用细实线连接或画出中心线表明位置，但在图中必须注明该结构的总数。

（5）对较长的零件沿长度方向其形状一致或按一定规律变化时，可以断开后缩短表示，但要标注实际长度。

（6）对于物体上较小结构，如已由其他图形表示清楚，且又不影响读图时，可采用简化或者省略而不需按真实投影绘制。

（7）圆柱体上的平面结构若在图形中未能表达清楚，可用平面符号（相交的两条细实线）表示。

第三章
水污染控制工程设计基础

第一节　设计依据及基础资料

一、设计依据

　　污（废）水处理厂（站）工程设计的主要依据包括工程建设单位（甲方）的设计委托书及设计合同、工程可行性研究报告及批准书、污水处理厂建设的环境影响评价、城市现状及其近期和远期发展总体规划、所在区域水资源状况及其水污染现状、受纳水体的使用功能与水环境质量状况、排水规划与排水系统现状、废水处理设施的现状、生活污水与工业废水近远期水质水量预测、处理后废水再用与污泥利用的可能性与途径、所在区域城市给水以及渔业、农业灌溉、航运等各方面的相关资料等。具体内容如下。

　　（1）国家有关水污染防治的政策法规与标准。国家的有关水污染防治法，国家对区域水污染防治的规划和目标任务，《地表水环境质量标准》（GB 3838—2002）、《城镇污水处理厂污染排放标准》（GB 18918—2002）、行业水污染排放标准等。污水处理厂设计依据的主要设计规范和标准有以下几种：

　　《室外排水规范》（GB 50014—2006）；

　　《地表水环境质量标准》（GB 3838—2002）；

　　《污水综合排放标准》（GB 8978—1996）；

《城镇污水处理厂污染物排放标准》（GB 18918—2002）；

《污水排入城市下水道水质标准》（CJ 3082—1999）；

《城镇污水处理厂附属建筑和附属设备设计标准》（CJJ 31—89）；

《建筑给水排水设计规范》（GB 50015—2003）；

《泵站设计规范》（GB 50265—1997）；

《城市排水工程规划规范》（GB 50318—2000）；

《污水再生利用工程设计规范》（GB/T50335—2002）；

《建筑中水设计规范》（GB 50336—2002）；

《建筑结构荷载设计规范》（GB 50009—2006）；

《建筑地基基础设计规范》（GB 50007—2002）；

《给水排水工程结构设计规范》（GB 50069—2002）；

《给水排水工程管道结构设计规范》（GB 50332—2002）；

《给水排水管道工程施工及验收规范》（GB 50268—1997）；

《混凝土结构设计规范》（GB 50010—2002）；

《构筑物抗震设计规范》（GB 50191—2006）（意见稿）；

《建筑设计防火规范》（GB 50016—2006）；

《工业企业噪声控制设计规范》（GB J87—85）；

《城市区域环境噪声标准》（GB 3096—93）；

《城市防洪工程设计规范》（GJJ 50—92）；

《10kV 及以下变电所设计规范》（GB 50053—94）；

《建筑防雷设计规范》（GB 50057—94）；

《通用用电设备配电设计规范》（GB 50055—93）；

《城市污水处理工程项目设计标准》（2001 年）。

（2）节能减排与污染物总量控制规划或要求。

（3）城市总体规划、项目可行性研究报告及其上一级发展和改革委员会关于项目可行性研究报告的批复文件。

（4）设计任务书或委托书。

（5）国土、规划、建设、环保、用水、用电、银行等单位提供的审批意见及相关承诺、保障协议。

二、基础资料

1.气象特征资料

气象特征资料包括气温（年平均气温、最高气温、最低气温）、湿度、降雨量、蒸发量、土壤冰冻以及风向玫瑰图、平均风速、最大风速资料。

2. 水文资料

水文资料包括当地有关河流的水位（最高水位、平均水位与最低水位）、流速（各特征水位下的平均流速）、流量（平均流量、保证率为95％的水文年的最高月平均流量、最大洪水流量、最小枯水流量及相应持续时间）资料。

3. 水文地质资料

水文地质资料包括地下水的资料，特别应注意地下水和地面水的相互补给情况和地下水利用情况。

4. 地质资料

地质资料包括污（废）水处理设施厂址地区的地质钻孔柱状图、土壤承载力。地下水位与流沙、断裂、滑坡、地震、地面沉降资料，或工程地质初步勘察报告。

5. 地形资料

地质资料包括污（废）水处理设施拟建厂址 1：1000 地形图、城区 1：10000 地形图、厂址与排放口附近 1：500 的地形图以及水流域图、河道断面图。

6. 其他自然条件资料

其他自然条件资料包括城镇周围有无能够利用的池塘、山谷、洼地、沼泽地与旧河道等废弃土地资料以及其他自然资源资料等。

7. 社会经济资料

社会经济资料包括现状城市性质和规模、人口及其分布、功能规划与布局，污染源分布、城市水体污染情况、区域水环境状况、水体功能划分和城市水污染治理规划，现状污水量、生活污水、工业废水和雨水的处理利用情况，以及农业、航运、水利、渔业、卫生、海洋、人防等部门对水体利用的情况；或者排污企业的产品与规模、占地与固定资产、生产经营状况、技术水平、生产工艺与污染源、供水与排水系统、污染控制治理利用、处理污水水质水量、排放去向及标准等。

8. 现状排水体制

现状排水体制包括：排水管网的分布、管径、长度、现状道路、供电、防洪、消防、通信、燃气、供热等设施的建设情况，各类地下管线的敷设情况。

9. 其他资料

有关城市总体规划的文本、说明书、图纸及相关资料；该工程项目的可行性研究报告；城市道路、铁路、电力、供热、燃气、防灾、通信、环境保护等专业规划与计划；农业、航运、水利、渔业等部门的设想、计划、规划等；建厂站地区的土建、市政工程概算定额，当地市场主要建材供应价格，征地及迁拆费用，劳动力工资标准及其他管理费用规定等。

第二节 进水水质情况及分类

污水根据其来源一般可分为生活污水、工业废水和初期污染雨水。不同来源的污水，其水质差异性较大。污水水质或污水污染物的组成、性质、粒径大小和分布会对污水处理技术、二沉池泥水分离方法、水的深度处理以及处理出水的再利用产生影响。

一、生活污水

生活污水是指来自家庭、学校、商店、机关、市政公共设施、宾馆饭店、餐厅、浴室、洗衣店等排放的厕所冲洗水、厨房清洗水、衣物洗涤水、身体沐浴水以及其他排水等。

二、工业废水

工业废水是指来自工业生产过程中被生产物料、中间产品、成品以及生产设备所污染的水。由于工业行业众多，工业废水的成分和性质相当复杂，其所含的有机物、植物营养素、无机固体悬浮物、酸、碱、盐、重金属离子、微生物、化学有毒有害物质、放射性物质、易燃易爆物质等均可对环境造成污染。

三、初期污染雨水

初期雨水是指雨雪降至地面后形成的初期地表径流。初期雨水水量水质与降雨强度、降雨历时、大气质量、区域建筑环境、地面状况有关，水量变化较大，成分较为复杂。尤其是大气悬浮物浓度较高、工业粉尘排放量大、机动车保有量大、工业废渣和建筑垃圾存放量大、建筑工地多且地面覆盖差的地区，初期污染雨水的浓度往往会超过生活污水浓度，会对水环境产生较为严重的污染。

第三节 设计出水要求及标准

一、出水要求

（1）对人体健康不产生不良影响。
（2）对环境质量和生态系统不产生不良影响。
（3）对产品质量不产生不良影响。
（4）符合应用对象对水质的要求和标准。
（5）为使用者和公众所接受。
（6）回用系统在技术上可行，操作简单。
（7）价格比自来水低。

二、污水排放标准

污水排放标准根据控制形式可分为浓度标准和总量控制标准。根据地域管理权限可分为国家排放标准、行业排放标准、地方排放标准。

1. 浓度标准

浓度标准规定了排出口排放污染物的浓度限值，其单位一般为 mg/L。我国现有的国家标准和地方标准基本上都是浓度标准。浓度标准指标明确，对每个污染指标都执行一个标准，管理方便。但未考虑到排放量的大小以及接受水体的环境容量、性状和要求等，因此不能完全保证水体的环境质量。当污染总量超过接纳水体的环境容量时，水体水质不能达到质量标准。此外，排污企业可以通过稀释降低污水排放浓度，造成水资源浪费和水环境污染。

2. 总量控制标准

总量排放标准是以水体环境容量为依据而设定的。水体的水环境质量要求高，则环境容量小。水环境容量可以采用水质模型法计算。这种标准可以保证水体的质量，但对管理技术要求高，需要与排污许可证制度相结合进行总量控制。我国重视并以实时总量控制标准，《污水排入城市下水道水质标准》（CJ 3082—1999）也提出在有条件的城市可根据标准采用总量控制。

3. 国家排放标准

国家排放标准按照污水排放去向，规定了水污染物最高允许排放浓度，适用于排污单位水污染物的排放管理，以及建设项目的环境影响评价、建设项目环境保护设施设计、竣工验收及其投产后的排放管理。我国现行的国家排放标准主要有《污水综合排放标准》（GB 8978—1996）、《城镇污水处理厂污染物排放标准》（GB 18918—2002）、《污水排入城市下水道水质标准》（CJ 3082—1999）等一系列标准。

4. 行业排放标准

根据部分行业排放废水的特点和治理技术发展水平，国家对部分行业制定了国家行业排放标准。

5. 地方排放标准

省、自治区、直辖市等根据地方社会经济发展水平和管辖地水体污染控制需要，可以根据《中华人民共和国环境保护法》、《中华人民共和国水污染防治法》制定地方污水排放标准。地方污水排放标准可以增加污染物控制指标数，但不能减少；可以提高对污染物排放标准的要求，但不能降低标准。

第四章
具体设计步骤及方法

第一节 设计水质水量计算

一、设计水量

1. 污水量

（1）居住区生活污水量标准，应根据本地区气候条件，建筑物内部卫生设备情况、生活习惯、生活水平和文化水平提高的速度和其他因素确定。

如有本地区或相似条件地区实际统计的生活用水量时，生活污水量标准也可按实际生活用水量计算。

（2）工业企业中的生活污水量和淋浴水量及厂内公用建筑物排水量根据《给水排水设计手册》第二册《室内给水排水》或其他有关资料进行计算。

（3）工业废水量，按单位产品的废水量计算，或按工艺流程和设备排水量计算，或按实测水量数据计算。

2. 变化系数

（1）居住区生活污水变化系数：

$$日变化系数 \quad K_1 = \frac{最大日污水量}{平均日污水量}$$

$$时变化系数 \quad K_2 = \frac{最大日最大时污水量}{最大日平均时污水量}$$

$$总变化系数 \quad K_z = K_1 K_2$$

由于一般城市缺乏 K_1、K_2 的数据，所以根据我国实测取得 $K_z = \frac{2.7}{Q^{0.11}}$ 的公式，如表 4-1 所列，我国 1974 年排水规范 K_z 基础上据此提出。近年来很多单位反映，1974 年规范中平均污水量在 1000L/s 以上时采用 1.2 可能偏小，倾向于提高到 1.3，目前规范正在修订，应以规范为准。

表 4-1 K_z 值

平均日流量/(L/s)	4	6	10	15	25	40	70	120	200	400	750	1600
K_z	2.3	2.2	2.1	2.0	1.89	1.8	1.69	1.59	1.51	1.4	1.3	1.2

（2）工业废水量变化系数

工业废水量变化系数，根据生产工工艺过程及生产性质确定。

3. 生活污水量及工业废水量计算公式

生活污水量及工业废水量计算公式如表 4-2 所列。

4. 设计水量

用于城市污水厂的设计水量有以下几种。

（1）平均日流量（m^3/d），一般用以表示污水厂的工程规模，并用以计算污水厂每年的抽升电耗、耗药量、处理的总水量、总泥量等。

（2）设计最大流量，以 m^3/h 或 L/s 表示，即进水管的设计流量。污水厂的处理构筑物及管渠的大小均应满足此流量。当进水为抽升进入污水厂时，亦可用组合的工作泵流量代替设计最大流量。但工作泵组合流量应与设计流量尽量吻合，过大时，可将压力管的部分流量回水至集水池调节。

（3）降雨时设计流量，以 m^3/h 或 L/s 表示，除旱流污水外，尚包括按截流倍数 n_0 引入的初雨径流。初次沉淀池以前的构筑物和设备，均应以此流量核算，此时初次沉淀池的沉淀时间不宜小于 30min。

（4）考虑到最大流量的持续时间较短，当曝气池的设计停留时间较长时。可酌情采用比设计最大流量略小的数值，作为曝气池的设计流量。

（5）当污水厂为分期建设时，以上设计用的流量应为相应的各期流量。

表 4-2　生活污水量及工业废水量计算公式

名称	计算公式	符号说明
居住区生活污水设计最大流量	$Q = \dfrac{qNK_z}{86400}(\text{L/s})$	q——每人每日平均污水量定额，L/(人·d)； N——设计人口数，人； K_z——总变化系数
工业企业工业废水设计最大流量	$Q = \dfrac{mMK_g}{3600T}(\text{L/s})$	m——生产过程中单位产品的废水量定额，L； M——每日的产品数量； K_g——总变化系数，根据工艺或经验决定； T——工业企业每日工作小时数，h
工业企业生活污水设计最大流量	$Q = \dfrac{q_1N_1K_z + q_2N_2K_z}{3600T}(\text{L/s})$	q_1——一般车间每班每人污水量定额，L/(人·班)；一般以 25L/(人·班)计； q_2——热车间每班每人污水量定额，L/(人·班)；一般以 35L/(人·班)计； N_1——一般车间最大班工人数，人； N_2——热车间最大班工人数，人； T——每班工作小时数，h
工业企业淋浴用水设计最大流量	$Q = \dfrac{q_3N_3 + q_4N_4}{3600}(\text{L/s})$	q_3——不太脏车间每班每人淋浴水量定额，L/(人·班)；一般以 40L/(人·班)计； q_4——较脏车间每班每人淋浴水量定额，L/(人·班)；一般以 60L/(人·班)计； N_3——不太脏车间最大班使用淋浴人数，人； N_4——较脏车间最大班使用淋浴人数，人

二、设计水质

对于已有城镇污水处理厂的地区，城镇污水的设计水质可参照已有城镇污水处理厂的现有水质确定；对于未见城镇污水处理厂的地区，应根据城镇污水实际调查水质确定，也可以参照邻近城镇、类似居民小区和类似工业园区的水质确定。若无就近城镇可以参照，也可调查资料，按下列标准计算。

（1）城镇居民生活排污按每人每日排放悬浮固体 40～65g，BOD₅ 25～50g，总氮 5～11g、总磷 0.7～1.4g 计算，经济条件好、生活水平高，则排放量相对较大。

（2）工业废水涉及水质可参照相关工业行业排放废水水质确定，但其确定水质应符合《污水排入城市下水道水质标准》（CJ 3082—1999）以及工业行业排放标准，避免有毒有害污染物进入城镇污水处理厂。

第二节　管渠系统设计计算

一、管渠水力计算

1. 流量计算公式

$$Q = Av(\text{m}^3/\text{s})$$

式中　A——水流有效断面面积，m^2；

　　　v——流速，m/s。

2. 流速计算公式

$$v = \frac{1}{n} R^{2/3} i^{1/2}$$

$$R = \frac{A}{P}$$

式中　i——水力坡降，对于管渠一般按管渠底坡降计算，$i = \dfrac{h}{l}$（即管渠段的

　　　　起点与终点的高差与该段长度之比）；

　　　R——水力半径，m；

　　　P——湿周，m；

　　　n——粗糙系数。

设计常用的排水管渠水力计算，见《给水排水设计手册》第一册《常用资料》。

二、污水管道系统设计

（一）一般规定

1. 流速、充满度、坡度

流速、充满度、坡度如表 4-3 所列。

表 4-3　流速、充满度、坡度

管径/mm	最大允许流速/(m/s)		最大设计充满度	在设计充满度下最小设计流速/(m/s)	按照设计充满度下最小设计流速控制的最小坡度		最小计算充满度	最小计算充满度下不淤流速/(m/s)	按照最小计算充满度下不淤流速控制最小坡度	
	金属管	非金属管			坡度	相应流速/(m/s)			坡度	相应流速/(m/s)
150					0.007	0.72			0.005	0.40
200			0.6		0.005	0.74			0.004	0.43
300				0.7	0.0027	0.71	0.25	0.4	0.002	0.40
400			0.7		0.002	0.77			0.0015	0.42
500					0.0016	0.81			0.0012	0.43
600					0.0013	0.82			0.001	0.50
700			0.75		0.0011	0.84			0.0009	0.52
800	≤10	≤5		0.8	0.001	0.88	0.3	0.5	0.0008	0.54
900					0.0009	0.90			0.0007	0.54
1000					0.0008	0.91			0.0006	0.54
1100					0.0007	0.91			0.0006	0.62
1200				0.9	0.0007	0.97			0.0006	0.66
1300			0.8		0.0006	0.94	0.35	0.6	0.0005	0.63
1400					0.0006	0.99			0.0005	0.67
1500				1.0	0.0006	1.04			0.0005	0.70
>1500					0.0006				0.0005	

表 4-3 内最小设计坡度规定两种标准。

（1）按照设计充满度下最小设计流速控制的最小坡度，管内流速较大。水流通畅，不会发生淤积。

（2）鉴于地面坡度很缓的平原城市执行这种标准，根据北京市市政设计院1965 年对北京已建成的 34 条小于规范规定最小坡度的污水管进行观测的结果，提出后一种标准，即按照最小计算充满度下不淤流速控制的最小坡度。管内流速虽较小，但只要达到浮起水深（至少 5cm），也能保持稳定流动，不致淤积。

2.最小管径

最小管径如表 4-4 所列。

3.最小覆土厚度与冰冻层内埋深

（1）管道最小覆土厚度，在车行道下一般不小于 0.7m；但当土壤冰冻线很浅（或冰冻线虽深但有保温措施），在保证管道不受外部荷载损坏情况下也可小于 0.7m。

表 4-4 最小管径

类别	位置	管径/mm
工业废水管道	在厂区内	200
生活污水管道	在厂区内 在街坊内 在城市街道下	200 200 300

（2）冰冻层内管道埋没深度

① 无保温措施时，管内底可埋没在冰冻线以上 0.15m。

② 有保温措施或水温较高的管道。管内底埋没在冰冻线以上的距离可以加大，其数值根据该地区或条件相似地区的经验确定。以上两种情况的最小覆土厚度均不宜小于①条中要求。

（二）管道设计

1. 一般规定

（1）管道系统布置要符合地形趋势，一般宜顺坡排水，取短捷路线。每段管道均应划给适宜的服务面积。汇水面积划分除明确的地形外，在平坦地区要考虑与各毗邻系统的合理分组。

（2）尽量避免或减少管道穿越不容易通过的地带和构筑物，如高地、基岩浅露地带、基底土质不良地带、河道、铁路、地下铁道、人防工事以及各种大断面的地下管道等。当必须穿越时，需采取必要的处理或交叉措施，以保证顺利通过。

（3）安排好控制点的高程。一方面应根据城市竖向规划，保证汇水面积内各点的水都能够排出，并考虑发展，在埋深上适当留有余地；另一方面又应避免因照顾个别控制点而增加全线管道埋深。对于后一点，可分别采取下列几项办法和措施。

① 局部管道覆土较浅时，采取加固、防冻等措施。

② 穿过局部低洼地段时，建成区采用最小管道坡度，新建区将局部低洼地带适当填高。

③ 必要时采用局部提升办法。

④ 在局部地区，雨水道可采用地面式暗沟，以避免下游过深。

（4）查清沿线遇到的一切地下管线，准确掌握它们的位置和高程，安排好设计管道与它们的平行距离，处理好设计管道与它们的竖向交叉。

（5）管道在坡度骤然变陡处，可由大管径变为小管径。当 $D = 200 \sim 300mm$ 时，只能按生产规格减小一级；当 $D \geqslant 400mm$ 时，应根据水力计算确定，但减少不得超过二级。管道坡度的改变应尽可能徐缓，避免流速骤降，导致淤积。

（6）同直径及不同直径管道在检查井内连接，一般采用管顶平接，不同直径管道也可以采用设计水面平接，但在任何情况下进水管底不得低于出水管底。

（7）当有公共建筑物位于管线始端时，除用街坊人口的污水量计算外，并应加入该集中流量进行满流复核，以保证最大流量顺利排泄。

（8）流量很小而地形又较平坦的上游支线，一般可采用非计算管段，即采用最小管径，按最小坡度控制。

（9）在上述管段中，当有使用的冲洗水源时，可考虑设置冲洗井。每座井所能冲洗的管道长度一般为 250m。最好是设法接入附近可利用的工厂洁净废水或河水，定期冲洗。

（10）当污水管道的下游是泵站或处理厂时，为了保证安全排水，在条件允许情况下，可在泵站和处理厂前设事故溢流口，但必须取得当地有关部门的同意。

（11）在需要通风的井位宜设置通风管，如实际充满度已超过设计较多的管段，或大浓度污水接入的井位、跌落井等。

（12）在适当管段中，宜设置观测和计量构筑物，以便积累运行资料。如不同区域的支线接入处、不同工业污水接入处等。

2. 设计步骤

（1）在适当比例的、并绘有规划总图的地形图上，按地形并结合排水规划布置管道系统，划定排水区域。

（2）根据管道综合布置，确定干支线在道路（或规划路）横断面和平面上的位置，确定井位及每一管段长度，并绘制平面图。

（3）根据地形、干支管和一切交叉管线的现状和规划高程，确定起点、出口和中间各控制点的高程。

（4）根据规划确定的人口、污水量定额等标准，或折合为面积的污水量模数，计算各管段的设计流量。

（5）进行水力计算，确定管道断面、纵坡及高程，并绘制断面图。

第三节 污水泵站的设计计算

一、污水泵站的一般规定

（1）应根据远近期污水量，确定污水泵站的规模。泵站设计流量一般与进水量的设计流量相同。

（2）应明确泵站是一次建成，还是分期建设，是永久性还是半永久性，以决定其标准和设施。并根据污水经泵站抽升后，出口入河道、灌渠，还是进处理厂处理来选定合适的泵站位置。

（3）在分流制排水系统中，雨水泵站与污水泵站可分建在不同的地区，也可以合建在一起，但选泵、集水池和管道应自成系统。

（4）污水泵站的集水池与机器间合建在同一构筑物内时，集水池和机器间须用防水隔墙分开，不允许渗漏，做法按结构设计规范要求；分建式、集水池与机器间要保持一定的施工距离，其中集水池多采用圆形，机器间多采用方形。

（5）泵站构筑物不允许地下水渗入，应设有高出地下水位 0.5m 的防水措施，见《给水排水工程结构设计规范》（GB 50069—2002）。

二、集水池

1. 集水池形式
污水泵站集水池宜采用敞开式，上加顶棚，四周加矮墙。

2. 集水池容积
集水池的有效容积一般按不小于最大一台泵 5min 的出水量计算。当水泵机组为人工管理时，每小时水泵开停次数不宜多于 3 次；当水泵机组为自动控制时，每小时开启停泵次数，要求不超过 6 次，同时集水池尺寸不应过大，以免造成维护上的困难。

人口较少地区的泵站，因夜间流量很少，通常在夜间停泵。在这种情况下，集水池的容积，必须能容纳夜间的流量。

3. 集水池清泥排空设施

集水池一般设有污泥斗，池底做成不小于 0.01 的斜坡，坡向污泥斗。从平台到池底，应设置供上下用之扶梯。台上应有供吊泥用的梁勾、滑车等。

三、泵前格栅间

1. 机械格栅

在较大的污水泵站中，当格栅截污量大于 $0.2m^3/d$（若每人每年产生的污物量为 5L 时，则 $0.2m^3/d$ 相当于 1.5 万人使用的泵站）时，应采用机械化格栅。机械化格栅配用的电动机，应安置在高处，在任何情况下也不致被水淹没。

2. 栅条间隙

栅条间距的大小，随水泵的构造而变，应小于离心泵内叶轮的最小间隙。当采用 PW 型及 PWL 型水泵时，可按表 4-5 选用。

表 4-5　水泵型号及格栅设计

水泵型号	栅条间隙/mm	截留污染物/[L/(人·年)]
$2\frac{1}{2}$PW、$2\frac{1}{2}$PWL	≤20	人工：4～5 机械：5～6
4PW、4PWL	≤40	2.7
6PWL	≤70	0.8
8PWL	≤90	0.5
10PWL	≤110	<0.5
32PWL	≤150	<0.5

当污水泵站将抽升之污水送往处理厂时，除根据水质和泵型外，应按处理要求确认栅条间距，使其不仅水泵能正常工作，而且要保证构筑物能够正常工作。

四、选泵

1. 污水泵站选泵应考虑下列因素

（1）水泵机组工作泵的总抽升能力，应按进水管的最大时污水流量设计，并应满足最大充满度时的流量要求。

（2）尽量选用类型相同（最多不超过两种型号）和口径相同的水泵，以便于检修，但还必须满足低流量时的需要。

（3）由于生活污水对水泵有腐蚀作用，故污水泵站尽量采用污水泵，污水泵一般可使用4000h检修一次，清水泵用于抽送污水时则仅为2500h。在大的污水泵站中，无大型污水泵时才可选用清水泵（14in以上者）。

2. 水泵全扬程计算

计算公式：

$$H \geqslant h_1 + h_2 + h_3 + h_4 (\text{m})$$

$$h_1 = \xi_1 \frac{v_2^2}{2g}$$

$$h_2 = \xi_2 \frac{v_2^2}{2g}$$

式中　h_1——吸水管水头损失，m，一般包括吸水喇叭口、90°弯头、直线段、闸门、渐缩管等；

　　　h_2——出水管水头损失，m，一般包括渐扩管、逆止阀、闸门、短管、90°弯头（或三通）、直线等；

　　ξ_1, ξ_2——局部阻力系数；

　　　v_1——吸水管流速，m/s；

　　　v_2——出水管流速，m/s；

　　　g——重力加速度，9.81m/s²；

　　　h_3——集水池最低工作水位与所需提升最高水位之间的高差；

　　　h_4——自由水头，m，按0.5~1.0m计。

水泵扬程如图4-1所示。

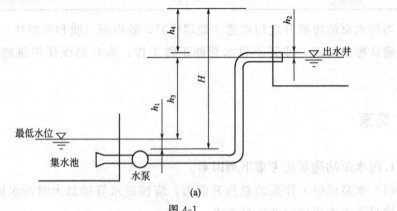

(a)

图 4-1

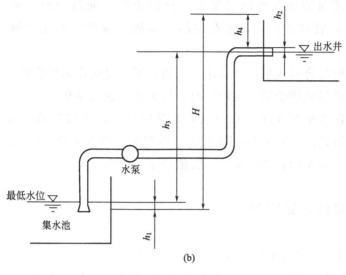

图 4-1　水泵扬程

3. 水泵数量

污水泵站工作泵及备用泵数量可按表 4-6 选用。

表 4-6　污水泵站工作泵及备用泵选择

类别	工作泵台数/台	备用泵台数/台
同一型号	1~4	1
	5~6	1~2
	>6	2
两种型号	1~4	1
	5~6	2(各1)
	>6	2(各1)

五、泵房形式选择

泵房形式选择的条件如下。

（1）由于污水泵站一般为常年运转，大型泵站多为连续开泵，小型泵站除连续开泵运转外，亦有定期开泵间断性运转，故选用自灌式泵房较方便。只有在特殊情况下才选用非自灌式泵房。

（2）流量小于 $2m^3/s$ 时，常选用下圆上方形泵房，其设计和施工均有一定经验，故广泛选用。

（3）大流量的永久性污水泵站，选用矩形（或组合形）泵房，由于工艺布置合理，管理方便，过去存在的一些施工难点已经逐渐被克服，现已普遍使用。

（4）分建与合建式泵房的选用，一般自灌启动时应采用合建式泵房；非自灌启动或因地形地物受到一定限制时，可采用分建式泵房。

（5）日污水量在 500m³ 以下时，如某些仓库、铁路车站或人数不多的单位、宿舍，可选用较简单的小型泵站。小型泵站由以下部分组成：①沉渣井；②集水池；③水泵间；④出水井；⑤值班室、配电间。

六、污水泵站计算实例

【例 4-1】 自灌式泵站设计

已知：（1）某城市人口 80000 人，生活污水量定额为 135L/(人·d)；

（2）进水管管底高程为 24.80m，管径 $DN600mm$，充满度 $h/D=0.75$；

（3）出水管提升后的水面高程为 39.80m，经 320m 管长至处理构筑物；

（4）泵站原地面高程为 31.80m。

【解】 设计草图如图 4-2 所示

平均秒流量：$Q=135\times80000/86400=125L/s$；

最大秒流量：$Q=K_zQ=1.59\times125=199L/s$，取 200L/s。

选择集水池与机器间合建的圆形泵站，考虑 3 台水泵（1 台备用），每台水泵的容量为 200/2=100L/s。

集水池容积，采用相当于一台水泵 6min 的容量：

$$W=100\times60\times6/1000=36m^3$$

有效水深采用 $H=2m$，则集水池面积为：

$$F=18m^2$$

选泵前总扬程估算：

经过格栅的水头损失为 0.1m（估算）。

集水池最低工作水位与所提升最高水位之间的高差为：

$39.8-(24.8+0.6\times0.75-0.1-2.0)=16.65m$（其中集水池有效水深为 2m）

出水管管线水头损失：

总出水管：$Q=200L/s$，选用管径为 400mm 的铸铁管，查表得：$v=1.59m/s$；

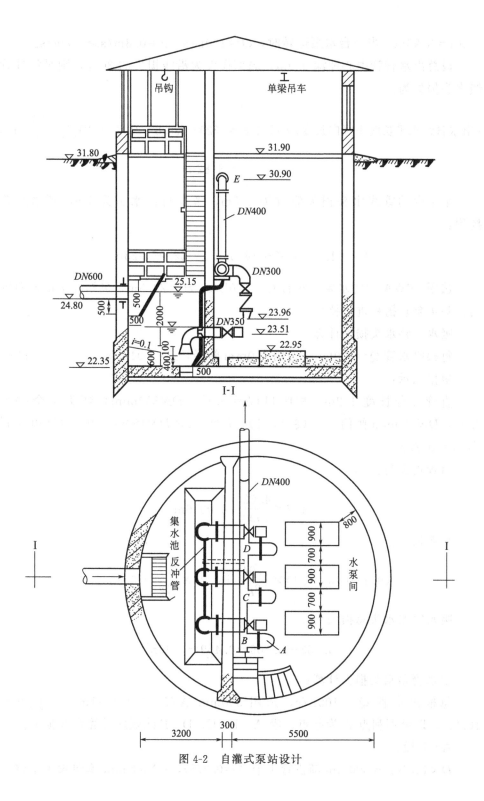

图 4-2 自灌式泵站设计

$1000i=8.93\text{m}$。当一台水泵运转时，$Q=100\text{L/s}$，$v=0.8\text{m/s}>0.7\text{m/s}$。

设总出水管管中心埋深 0.9m，局部损失为沿线损失的 30%，则泵站外管线水头损失为：

$$(\text{出水管线水平长度＋竖向长度})\times i\times 1.3=[320+(39.8-31.8+0.9)]\times\frac{8.93}{1000}\times 1.3$$

$$=3.82\text{m}$$

泵站内的管线水头损失假设为 1.5m，考虑自由水头为 1m，则水泵总扬程：

$$Hs=1.5+3.82+16.65+1=22.97\approx23\text{m}$$

选用 6PWA 型污水泵，每台 $Q=100\text{L/s}$，$H=23.3\text{m}$，泵站经平剖面布置后，对水泵总扬程进行核算。

吸水管路水头损失计算：

每根吸水管 $Q=100\text{L/s}$，选用 350mm 管径，$v=1.04\text{m/s}$，$1000i=4.62\text{m}$。

根据图示：

直管部分长度 1.2m，喇叭口$(\xi=0.1)$，$DN350\text{mm}$ 90°弯头 1 个$(\xi=0.5)$，$DN350\text{mm}$ 闸门一个$(\xi=0.1)$，$DN350\times DN150\text{mm}$ 渐缩管（由大到小，$\xi=0.25$）。

沿程损失为：

$$1.2\times\frac{4.62}{1000}=0.0056\text{m}$$

局部损失：

$$(0.1+0.5+0.1)\times\frac{1.04^2}{2g}+0.25\times\frac{5.7^2}{2g}=0.453\text{m}$$

吸水管路水头总损失为：

$$0.453+0.006=0.459\approx0.46\text{m}$$

出水管路水头损失计算：

每根出水管 $Q=100\text{L/s}$，选用 300mm 管径，$v=1.41\text{m/s}$，$1000i=10.2\text{m}$，以最不利点 A 为起点，沿 A、B、C、D、E 线顺序计算水头损失。

A～B 段：

$DN150\times DN300\text{mm}$ 渐扩管 1 个$(\xi=0.375)$，$DN300\text{mm}$ 单向阀 1 个$(\xi=$

1.7）DN300mm90°弯头 1 个($\xi=0.50$），DN300mm 阀门 1 个($\xi=0.1$）。

局部损失：

$$0.375\times\frac{5.7^2}{19.62}+(1.7+0.5+0.1)\frac{1.41^2}{19.62}=0.85\text{m}$$

B～C 段 （选 DN400mm 管径，$v=0.8\text{m/s}$，$1000i=2.37\text{m}$）：
直管部分长度 0.78m，丁字管一个 （$\xi=1.5$）
沿程损失：

$$\frac{2.37}{1000}=0.002\text{m}$$

局部损失：

$$1.5\times\frac{1.41^2}{19.62}=0.152\text{m}$$

C～D 段 （DN400mm 管径，$Q=200\text{L/s}$，$v=1.59\text{m/s}$，$1000i=8.93\text{m}$）：
直管部分长度 0.78m，丁字管 1 个 （$\xi=0.1$）
沿程损失：

$$0.78\times\frac{8.93}{1000}=0.007\text{m}$$

局部损失：

$$0.1\times\frac{1.59^2}{19.62}=0.013\text{m}$$

D～E 段：
直管部分长 5.5m，丁字管 1 个($\xi=0.1$)，DN400mm，90°弯头 2 个($\xi=0.6$)。

沿程损失：

$$5.5\times\frac{8.93}{1000}=0.049\text{m}$$

局部损失：

$$(0.1+0.6\times2)\times\frac{1.59^2}{19.62}=1.3\times0.129=0.168\text{m}$$

出水管路水头总损失：

$3.82+0.85+0.002+0.152+0.007+0.013+0.049+0.168=5.061m$

则水泵所需总扬程:

$H=0.46+5.061+16.65+1=23.171m$,故选用6PWA型水泵是合适的。

第四节 城市污水处理工艺设计计算

一、物理处理——格栅

(一)格栅的作用

格栅的主要作用是将污水中的大块污物拦截,以免其对后续处理单元的机泵或工艺管线造成损害。

格栅的拦截物称为栅渣,其中包括数十种杂物,大至腐木,小至树杈、木塞、塑料袋、破布条、石块、瓶盖、尼龙绳等。

(二)设计数据

(1)水泵前格栅栅条间隙,应根据水泵要求确定。各种类型水泵前格栅的删条间隙见表4-7。

表4-7 PW型、PWL型水泵前格栅的栅条间隙

水泵型号	栅条间隙/mm	截留污物量/[L/(人·年)]
$2\frac{1}{2}PW$、$2\frac{1}{2}PWL$	≤20	人工:4~5 机械:5~6
4PW、4PWL	≤40	2.7
6PWL	≤70	0.8
8PWL	≤90	0.5
10PWL	≤110	<0.5
32PWL	≤150	<0.5

(2)污水处理系统前格栅栅条间隙,应符合下列要求:

① 人工清除 25~40mm;

② 机械清除 16~25mm。

污水处理厂亦可设置粗、细两道格栅。

（3）如水泵前格栅间隙不大于 25mm 时，污水处理系统前可不再设置格栅。

（4）栅渣量与地区的特点、格栅的间隙大小、污水流量以及下水道系统的类型等因素有关。在无当地运行资料时，可采用如下设计：

① 格栅间隙 16～25mm

0.10～0.05m³ 栅渣/10³m³ 污水

② 格栅间隙 30～50mm

0.03～0.01m³ 栅渣/10³m³ 污水

栅渣的含水率一般为 80%，容重约为 960kg/m³

（5）在大型污水处理厂或泵站前的大型格栅（每日栅渣量大于 0.2m³），一般应采用机械清渣。

（6）机械清渣不宜少于 2 台，如为 1 台时应设人工清除格栅备用。

（7）过栅流速一般采用 0.6～1.0m/s。

（8）格栅前渠道内的水流速度一般采用 0.4～0.9m/s。

（9）格栅倾角一般采用 45°～75°，一般有机耙时采用 70°。

人工清除的格栅倾角小时，较省力，但占地多。

（10）通过格栅的水头损失一般采用 0.08～0.15m。

（11）格栅间必须设置工作台，台面应高出栅前最高设计水位 0.5m。工作台上应有安全和冲洗设施。

（12）格栅间工作台两侧过道宽度不应小于 0.7m。工作台正面过道宽度：

① 人工清洗　不应小于 1.2m；

② 机械清除　不应小于 1.5m。

（13）机械格栅的动力装置一般设在室内，或采取其他保护设备的措施。

（14）设置格栅装置的构筑物，必须考虑有没有良好的通风设施。

（15）格栅间内应安设吊运设备，以进行格栅及其他设备的检修和栅渣的日常清除。

（16）格栅的栅条断面形状可按表 4-8 选用。

（三）格栅的设计计算

1. 设计内容

（1）尺寸计算　栅条的间隙数、栅条断面形状、栅槽宽度（格栅宽度）、栅后槽总高度、栅槽总长度。

表 4-8　栅条断面形状及尺寸

栅条断面形状	一般采用尺寸/mm
正方形	20　20　20（20）
圆形	20　20　20
锐变矩形	10　10　10（50）
迎水面为半圆形的矩形	10　10　10（50）
迎水、背水面均为半圆形的矩形	10　10　10（50）

（2）水力计算　通过格栅的水头损失（设计水头损失、计算水头损失）。

（3）栅渣量　按每日产生的栅渣量计算。

（4）清渣机的选用。

（5）格栅间工作台　台面应高于栅前最高设计水位 0.5m，工作台上应有安全设施和冲洗设施。格栅工作台两侧过道宽度不小于 0.7m；工作台正面过道宽度 1.2~1.5m。

2. 计算公式

格栅计算公式如表 4-9 所列。

表 4-9　格栅计算公式

名称	公式	符号说明
栅槽宽度	$B = S(n-1) + bn$ (m) $n = \dfrac{Q_{max}\sqrt{\sin\alpha}}{bhv}$ (个)①	S——栅条宽度,m; b——栅条间隙,m; n——栅条间隙数,个; Q_{max}——最大设计流量,m^3/s; α——格栅倾角,(°); h——栅前水深,m; v——过栅流速,m/s
通过格栅的水头损失	$h_1 = h_0 k$ (m) $h_0 = \xi\dfrac{v^2}{2g}\sin\alpha$ (m)	h_1——过栅水头损失,m; h_0——计算水头损失,m; g——重力加速度,m/s^2; k——系数,格栅受污物堵塞时水头损失增大倍数,一般采用3; ξ——阻力系数,其值与栅条断面形状有关,可按表4-10计算
栅后槽总高度	$H = h + h_1 + h_2$ (m)	h_2——栅前渠道超高,m,一般采用0.3m
栅槽总长度	$L = l_1 + l_2 + 1.0 + 0.5 + \dfrac{H_1}{\tan\alpha}$ (m) $l_1 = \dfrac{B - B_1}{2\tan\alpha_1}$ (m) $l_2 = \dfrac{l_1}{2}$ (m) $H_1 = h + h_2$ (m)	l_1——进水渠道渐宽部分的长度,m; B_1——进水渠宽,m; α_1——进水渠道渐宽部分的展开角度,一般可采用20°,由此得 $l_1 = \dfrac{B-B_1}{0.73}$ (m); l_2——栅槽与出水渠道连接处的渐窄部分长度,m; H_1——栅前渠道深,m
每日栅渣量	$W = \dfrac{Q_{max} \times W_1 \times 86400}{K_z \times 1000}$ (m^3/d)	W_1——栅渣量($m^3/10^3 m^3$ 污水),格栅间隙为 16～25mm 时,$W_1 = 0.10～0.05 m^3/10^3 m^3$ 污水;格栅间隙为 30～50mm 时,$W_1 = 0.03～0.01 m^3/10^3 m^3$ 污水; K_z——生活污水流量总变化系数,见表4-10

① $\sqrt{\sin\alpha}$ 为考虑格栅倾角的经验系数。

表 4-10　阻力系数 ξ 计算公式

栅条断面形状	公式	说明
锐变矩形 迎水面为半圆形的矩形 圆形 迎水、背水面均为半圆形的矩形	$\xi = \beta\left(\dfrac{S}{b}\right)^{4/3}$	形状系数 $\beta = 2.42$ $\beta = 1.83$ $\beta = 1.79$ $\beta = 1.67$
正方形	$\xi = \left(\dfrac{b+S}{\varepsilon b} - 1\right)^2$	ε——收缩系数,一般采用0.64

3. 设计实例

【例 4-2】 已知某城市污水处理厂，最大设计污水量 $Q_{max}=0.3\text{m}^3/\text{s}$，$K_z$ 为 1.3，求格栅各部分尺寸。

【解】 格栅计算草图如图 4-3 所示：

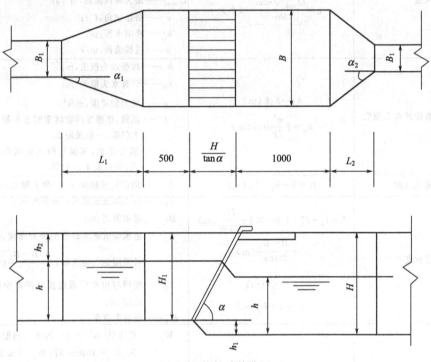

图 4-3 格栅计算草图

（1）栅条的间隙数

设栅前水深 $h=0.4\text{m}$，过栅流速 $v=0.9\text{m/s}$，栅条间隙宽度 $b=0.021\text{m}$，格栅倾角 $\alpha=60°$

$$n=\frac{Q_{max}\sqrt{\sin\alpha}}{bhv}=\frac{0.3\sqrt{\sin60°}}{0.021\times0.4\times0.9}\approx37$$

（2）栅槽宽度

设栅条宽度 $S=0.01\text{m}$

$$B=S(n-1)+bn=0.01(37-1)+0.021\times37=1.137\text{m}$$

（3）进水渠道渐宽部分的长度

设进水渠宽 $B_1=0.65\text{m}$，其渐宽部分展开角 $\alpha_1=20°$（进水渠道内的流速

为 0.77m/s)

$$l_1 = \frac{B - B_1}{2\tan\alpha_1} = \frac{1.137 - 0.65}{2\tan20°} \approx 0.67\text{m}$$

（4）栅槽与出水渠道连接处的渐宽部分长度

$$l_2 = \frac{l_1}{2} = \frac{0.67}{2} 0.335\text{m}$$

（5）通过格栅的水头损失

设栅条断面为锐边矩形断面，形状系数 $\beta = 2.42$，格栅阻力增大系数 $K = 3$

$$h_1 = \beta\left(\frac{S}{b}\right)^{4/3}\frac{v^2}{2g}\sin\alpha K = 2.42 \times \left(\frac{0.01}{0.021}\right)^{4/3} \times \frac{0.9^2}{19.6}\sin60° \times 3$$

$$\approx 0.097\text{m}$$

（6）栅后槽总高度

设栅前渠道超高 $h_2 = 0.3\text{m}$

$$H = h + h_1 + h_2 = 0.4 + 0.097 + 0.3 = 0.8\text{m}$$

（7）栅前总长度

$$L = l_1 + l_2 + 0.5 + 1.0 + \frac{H_1}{\tan\alpha} = 0.67 + 0.335 + 1.5 + \frac{0.4 + 0.3}{\tan60°}$$

$$\approx 3.24\text{m}$$

（8）每日栅渣量

在格栅间隙 21mm 的情况下，设格栅渣量为每 1000m^3 污水产 0.07m^3

$$W = \frac{Q_{max}W_1 \times 86400}{K_z \times 1000} = \frac{0.3 \times 0.07 \times 86400}{1.3 \times 1000}$$

$$\approx 1.4\text{m}^3/\text{d} > 0.2\text{m}^3/\text{d}$$

宜采用机械清渣。

二、物理处理——沉砂池

（一）沉砂池的原理及功能

沉砂池的功能是利用物理原理去除污水中密度较大的无机颗粒，主要包括无机性的砂粒、砾石和少量较重的有机物质,其相对密度约为 2.65。

一般设于泵站、倒虹管前以减轻机械、管道的磨损。也可设于初次沉淀池之前,以减轻沉淀池的负荷及改善污泥处理构筑物的条件。

(二) 一般规定

(1) 城市污水厂一般均应设置沉砂池。

(2) 沉砂池按去除相对密度为 2.65、粒径为 0.2mm 以上的砂粒设计。

(3) 设计流量应按分期建设考虑:当污水自流进入时,应按每期的最大设计流量计算;当污水为提升进入时,应按每期工作水泵的最大组合流量计算;在合流制处理系统中应按降雨时的设计流量计算。

(4) 沉砂池的格数不应少于 2 个,并应按并联系列设计,当污水量较小时可考虑一格工作、一格备用。

(5) 城市污水的沉砂量可按 $15\sim30m^3/10^6m^3$ 计算,含水率为 60%,容重为 $1500kg/m^3$,合流制污水的沉砂量应根据实际情况确定。

(6) 砂斗容积应按不大于 2 天的沉砂量计算,斗壁与水平面的倾角应不小于 55°。

(7) 除砂一般宜采用机械方法,并设置贮砂池或晒砂场。采用人工排砂时,排砂管直径不应小于 200mm。

(8) 当采用重力排砂时,沉砂池和贮砂池应尽量靠近,以缩短排砂管的长度,并设排砂闸门于管的首端,使排砂管畅通和易于养护管理。

(9) 沉砂池的超高不宜小于 0.3m。

(三) 沉砂池的种类

沉砂池按流态分为平流沉砂池、竖流沉砂池、曝气沉砂池、旋流式沉砂池等。

本教材主要为本科生毕业设计及课程设计服务,所以,仅考虑最常见的平流沉砂池及曝气沉砂池的设计计算。

(四) 平流沉砂池设计计算

1. 设计数据

(1) 最大流速为 0.3m/s,最小流速为 0.15m/s。

(2) 最大停留时间不小于 30s,一般采用 30~60s。

(3) 有效水深应不大于 1.2m,一般采用 0.25~1.0m,每格宽度不宜小于

0.6m。

（4）进水头部应采取消能和整流措施。

（5）池底坡度一般为 0.01～0.02；当设置除砂设备时，应根据设备要求考虑池底形状。

2. 计算公式

计算公式见表 4-11。

表 4-11　计算公式

名　称	公式	符号说明
长度	$L = vt$ (m)	v——最大设计流量时的流速，m/s； t——最大设计流量时的流行时间，s
水流断面积	$A = \dfrac{Q_{max}}{v}$ (m^2)	Q_{max}——最大设计流量，m^3/s
池总宽度	$B = \dfrac{A}{h_2}$ (m)	h_2——设计有效水深，m
沉砂池所需容积	$V = \dfrac{86400 Q_{max} X T}{10^6 K_z}$ (m^3)	X——城市污水沉砂量，一般采用 30m^3/10^{6}m^3 污水； T——清除沉砂的间隔时间，d； K_z——生活污水流量总变化系数
池总高度	$H = h_1 + h_2 + h_3$ (m)	h_1——超高，m； h_3——沉砂池高度，m
验算最小流速	$v_{min} = \dfrac{Q_{min}}{n_1 \omega_{min}}$ (m/s)	Q_{min}——最小流量，m^3/s； n_1——最小流量工作时工作的沉砂池数目，个； ω_{min}——最小流量时沉砂池中的水流断面面积，m^2

3. 设计实例

【例 4-3】　已知某城市污水处理厂，最大设计污水量 $Q_{max} = 0.3$m^3/s，K_z 为 1.3，求平流沉砂池各部分尺寸。

【解】　平流沉砂池计算草图如图 4-4 所示：

（1）池长

设 $v = 0.25$m/s，$t = 30$s；

$$L = vt = 0.25 \times 3 = 7.5 \text{m}；$$

（2）水流断面积

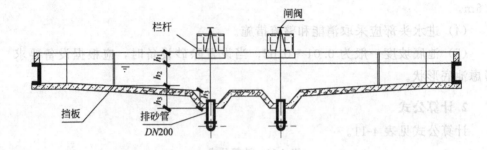

(a) A-A剖面图

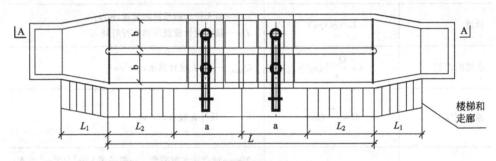

(b) 平流沉砂池平面

图 4-4 平流沉砂池计算草图

水流断面面积 $A = \dfrac{Q_{\max}}{v} = 0.3/0.25 = 1.2\text{m}^2$；

（3）池总宽度

设格数 $n=2$，每格宽 $b=0.8\text{m}$

$$B = nb = 2 \times 0.8 = 1.6\text{m}$$

（4）有效水深

$$h_2 = \dfrac{A}{B} = 1.2/1.6 = 0.75\text{m}$$

（5）沉砂室所需容积

设清除沉砂的间隔时间 $T=1.5\text{d}$，

$$V = \dfrac{Q_{\max}XT \times 86400}{K_z \times 10^6} = \dfrac{0.3 \times 30 \times 1.5 \times 86400}{1.3 \times 10^6} \approx 0.9\text{m}^3$$

（6）每个沉砂斗容积

设每一分格有两个沉砂斗

$$V_0 = \frac{0.9}{2 \times 2} = 0.225 \text{m}^3$$

（7）沉砂斗各部分尺寸

设斗底宽 $a = 0.5\text{m}$，斗壁与水平面的倾角为 $55°$，斗高 $h_3' = 0.35\text{m}$，

沉砂斗上口宽：

$$a = \frac{2h_3'}{\tan 55°} + a_1 = \frac{2 \times 0.35}{\tan 55°} + 0.5 = 1.0\text{m}$$

沉砂斗容积

$$V_0 = \frac{h_3'}{6}(2a^2 + 2aa_1 + 2a_1^2) = \frac{0.35}{6}(2 \times 1^2 + 2 \times 1 \times 0.5 + 2 \times 0.5^2) = 0.2\text{m}^3$$

（8）沉砂室高度

采用重力排砂，设池底坡度为 0.06，坡向砂斗

$$h_3 = h_3' + 0.06 l_2 = 0.35 + 0.06 \times 2.25 = 0.485\text{m}$$

（9）池总高度

设超高 $h_1 = 0.3\text{m}$

$$H = h_1 + h_2 + h_3 = 0.3 + 0.75 + 0.485 = 1.535\text{m}$$

（五）曝气沉砂池设计计算

1. 设计数据

（1）旋流速度应保持 $0.25 \sim 0.3\text{m/s}$。

（2）水平流速为 0.1m/s。

（3）最大流量时停留时间为 $1 \sim 3\text{min}$。

（4）有效水深 $2 \sim 3\text{m}$，宽深比一般采用 $1 \sim 1.5$。

（5）长宽比可达 5，当池长比池宽大很多时，应考虑设置横向挡板。

（6）每 m^3 污水的曝气量为 0.2m^3 空气。

（7）空气扩散装置设在池的一侧，距池底约 $0.6 \sim 0.9\text{m}$，送气管应设置调节气量的闸门。

（8）池子的形状应尽可能不产生偏流或死角，在集砂槽附近可安装纵向挡板。

（9）池子的进口和出口布置，应防止发生短路，进水方向应与池中旋流方向一致，出水方向应与进水方向垂直，应宜考虑设置挡板。

（10）池内应考虑设消泡装置。

2. 计算公式

计算公式见表4-12。

表4-12　计算公式

名　称	公式	符号说明
池子总有效面积	$V = Q_{max}t \times 60 \, (m^3)$	Q_{max}——最大设计流量，m^3/s； t——最大设计流量时的运行时间，min
水流断面积	$A = \dfrac{Q_{max}}{v_1} \, (m^2)$	v_1——最大设计流量时的水平流速，m/s，一般采用 $0.06 \sim 0.12$m/s
池总宽度	$B = \dfrac{A}{h_2} \, (m)$	h_2——设计有效水深，m
池长	$L = \dfrac{V}{A} \, (m)$	
每小时所需空气量	$q = dQ_{max} \times 3600 \, (m^3/h)$	d——每 m^3 污水所需空气量，m^3/m^3，一般采用 $0.2m^3/m^3$

3. 设计实例

【例4-4】 已知某城市污水处理厂，最大设计污水量 $Q_{max} = 0.46m^3/s$，$K_z = 1.3$，求曝气沉砂池各部分尺寸。

【解】 曝气沉砂池计算草图如图4-5所示：

（1）池子的有效容积 V

$$V = Q_{max}t \times 60 = 0.46 \times 2 \times 60$$

$$= 55.6m^3$$

（2）水流断面面积 A

$$A = \frac{Q_{max}}{v_1} = \frac{0.463m^3/s}{0.06m/s} = 7.72m^2$$

（3）池子宽度 B

$$B = \frac{A}{h_2} = \frac{7.72m^2}{2m} = 3.86m，取 3.8m；$$

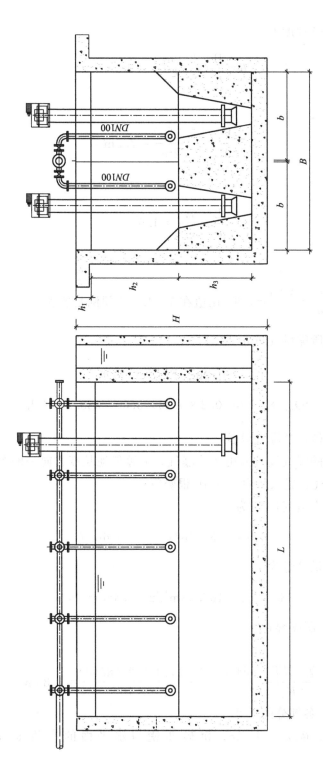

图 4-5 曝气沉砂池计算草图

（4）每格池子宽度 b

$$b = \frac{B}{n} = \frac{3.8\text{m}}{2} = 1.9\text{m}$$

（5）池长 L

$$L = \frac{V}{A} = \frac{55.56\text{m}^3}{7.72\text{m}^2} = 7.2\text{m}$$

（6）长宽比

$$\frac{L}{b} = \frac{7.2}{3.8} = 1.9$$

（7）宽深比

$$\frac{b}{h} = \frac{3.86}{2} = 1.93 \text{ 比值在 } 1 \sim 1.5 \text{ 之间满足要求。}$$

（8）每小时所需供气量 q

设 $\alpha = 0.2\text{m}^3$ 空气/m^3 污水

$$q = dQ_{\text{max}} \times 3600 = 0.2 \times 0.46 \times 3600 = 333.36\text{m}^3/\text{h}$$

（9）曝气沉砂池的曝气设备

曝气沉砂池的曝气设备采用竖管曝气，沿曝气池长度方向一侧布置。设每隔 2m 有一根曝气管通入水中，共 10 根竖管。

每根竖管最大曝气量 G 为

$$G = q/10 = 333.36/10 = 33.336\text{m}^3/\text{h}$$

一根横管的供气量为

$$333.36/2 = 166.68\text{m}^3/\text{h} = 0.463\text{m}^3/\text{s}$$

（10）沉砂斗所需容积

设 $T = 2\text{d}$

$$V = \frac{Q_{\text{max}} X T \times 86400}{K_z \times 10^6} = \frac{0.46 \times 30 \times 2 \times 86400}{1.3 \times 10^6} = 1.85\text{m}^3$$

（11）沉砂池各部分的尺寸

设上沉砂斗宽 $a = 1.5\text{m}$；沉砂斗壁与水平面的夹角 60°；沉砂斗高 $h_3' = 1.0\text{m}$

则下斗宽 $b = a - \dfrac{2h'_3}{\tan 60°} = 0.35\text{m}$

$$V_0 = \frac{h'_3}{b}(2a^2 + 2aa_1 + 2a_1^2) = \frac{1}{6}(2 \times 1.5^2 + 2 \times 1.5 \times 0.35 + 2 \times 0.35^2)$$
$$= 0.97\text{m}^3 > 0.93\text{m}^3$$

（12）池子总高度

$$H = h_1 + h_2 + h_3 = 0.3 + 2.0 + 1.63 = 3.93\text{m}$$

三、物理处理——沉淀池

（一）工艺原理及设计资料

沉淀池主要去除悬浮于污水中的可沉淀的固体物质。

1. 沉淀池的作用

按在污水处理流程中的位置，主要分为初次沉淀池和二次沉淀池。初次沉淀池的作用是对污水中的以无机物为主体的密度大的固体悬浮物进行沉淀分离。二次沉淀池的作用是对污水中的以微生物为主体的、密度小的，因水流作用易发生上浮的生物固体悬浮物进行沉淀分离。

2. 沉淀池的种类

按水流方向分为平流式、辐流式、竖流式三种沉淀池形式。

每种沉淀池均包含五个区，即进水区、沉淀区、缓冲区、污泥区和出水区。

沉淀池各种池型的优缺点和适用条件见表 4-13。

3. 一般规定

（1）设计流量应按分期建设考虑

① 当污水为自流时，应按每期的最大设计流量计算。

② 当污水为提升进入时，应按每期工作水渠的最大组合流量计算。

③ 在合流制处理系统中，应按降雨时的设计流量计算，沉淀时间不宜小于 30min。

（2）沉淀池的个数或分格数不应小于 2 个，并宜按并联系列考虑。

（3）当无实测资料时，城市污水沉淀池的设计数据可参考表 4-14 选用。

表 4-13 各种沉淀池比较

池型	优点	缺点	适用条件
平流式	(1)沉淀效果好； (2)对冲击负荷和温度变化的适应能力较强； (3)施工简易,造价较低	(1)池子配水不易均匀； (2)采用多斗排泥时,每个泥斗需单独排泥管各自排泥,操作量大;采用链带式刮泥机排泥时,链带的支撑件和驱动件都浸于水中,易锈蚀,故障较多	(1)适用于地下水位高及地质较差的地区； (2)适用于大、中、小型污水处理厂
竖流式	(1)排泥方便,管道简单； (2)占地面积较小	(1)池子深度大,施工困难； (2)对冲击负荷和温度变化的适应能力较差； (3)池径不宜过大,否则布水不均	适用于处理水量不大的小型污水处理厂
辐流式	(1)多为机械排泥,运行较好,管理较简单； (2)排泥设备已趋定型	机械排泥设备复杂,对施工质量要求高	(1)适用于地下水位较高地区； (2)适用于大、中型污水处理厂

表 4-14 沉淀池设计数据

类型	沉淀池位置	沉淀时间/h	表面负荷/[m³/(m²·h)]	污泥量(干物质)/[g/(人·d)]	污泥含水率/%	固体负荷/[kg/(m²·d)]	堰口负荷/[L/(s·m)]
初次沉淀池	单独沉淀池	1.5~2.5	1.5~2.5	15~17	95~97		≤2.9
	二级处理前	1.0~2.0	1.5~3.0	14~27	95~97		≤2.9
二次沉淀池	活性污泥法后	1.5~2.5	1.0~1.5	10~21	99.2~99.6	≤150	≤1.7
	生物膜法后	1.5~2.5	1.0~2.0	7~19	96~98	≤150	

（4）池子的超高至少采用 0.3m。

（5）沉淀的有效水深（H）、沉淀时间（t）与表面负荷（q'）的关系见表。当表面负荷一定时,有效水深与沉淀时间之比亦为定值,即 $\frac{H}{t} = q'$。一般沉淀时间不小于 1.0h；有效水深多采用 2~4m,对辐流沉淀池指池垂直边水深,可参照表 4-15 选用。

表 4-15　沉淀的有效水深 (H)、沉淀时间 (t) 与表面负荷 q' 的关系

表面负荷 q' /[m³/(m²·d)]	沉淀时间 t/h				
	$H=2.0\text{m}$	$H=2.5\text{m}$	$H=3.0\text{m}$	$H=3.5\text{m}$	$H=4.0\text{m}$
3.0			1.0	1.17	1.33
2.5		1.0	1.2	1.4	1.6
2.0	1.0	1.25	1.50	1.75	2.0
1.5	1.33	1.67	2.0	2.33	2.67
1.0	2.0	2.5	3.0	3.5	4.0

（6）沉淀池的缓冲层高度，一般采用 0.3~0.5m。

（7）污泥斗的斜壁与水平面的倾角，方斗不宜小于 60°，圆斗不宜采用小于 55°。

（8）排泥管直径不应小于 200mm。

（9）沉淀池采用静压排泥时，初次沉淀池的静水头不应小于 1.5m；二次沉淀池的静水头。生物膜法后不应小于 1.2m，曝气池后不应小于 0.9m。

（10）初次沉淀池的污泥区容积宜按不大于两天的污泥量计算，并应有连续排泥措施，机械排泥的初次沉淀池的污泥区容积宜按 4h 的污泥量计算。

（11）采用多斗排泥时，每个泥斗均应设单独的闸阀和排泥管。

（12）当每组沉淀池有 2 个池以上时，为使每个池的入流量均等，应在入流口设置调节闸门，以调整流量。

（13）当采用重力排泥时，污泥斗的排泥管一般采用铸铁管，其下端伸入斗内，顶端敞口，伸出水面，以便于疏通。在水面以下 1.5~2.0m 处，由排泥管接出水平排出管，污泥借静水压力由此排出池外。

（14）进水管有压力时，应设置配水井，进水管应由池壁接入，不宜由井底接入，且应将进水管的进口弯头朝向井底。

（二）沉淀池的设计及计算例题

1. 平流式沉淀池

（1）设计资料

① 池子的长宽比≥4，以 4~5 为宜。大型沉淀池可考虑设导流墙。

② 一般采用机械排泥时宽度根据排泥设备确定。排泥机械行进速度为 0.3~1.2m/min，一般采用 0.6~0.9m/min。

③ 池子的长深比≥8，一般以 8～12 为宜。

④ 池底纵坡不小于 0.005，一般采用 0.01～0.02。

⑤ 一般按表面负荷计算，按水平流速校核。最大水平流速：初次沉淀池为 7mm/s；二次沉淀池为 5mm/s。

⑥ 入口的整流措施，可采用溢流式入流装置，并设置有孔整流墙（穿孔墙）；底孔式入流装置，底部设有挡流板；淹没孔与挡流板的组合；淹没孔与孔整流墙的组合。有孔整流墙的开孔总面积为过水断面的 6%～20%。

⑦ 出口的整理措施可采用溢流式集水槽。为适应水流的变化或构筑物的不同沉降，在堰口处设置使堰板能上下移动的调整装置。

⑧ 进出口处应设置挡流板，高出池内水面 0.1～0.15m。挡流淹没深度：进口处视沉淀池深度而定，不小于 0.25m，一般为 0.5～1.0m；出口处一般为 0.3～0.4m。挡板位置：距进水口 0.5～1.0m；距出水口为 0.25～0.5m。

⑨ 在出水堰前应设置收集与排除浮渣的设施（如可转动的排渣管浮渣槽等）当采用机械排泥时，可一并结合考虑。

⑩ 当沉淀池采用多斗排泥时，污泥斗平面呈方形或近于方形的矩形，排数一般不宜多于两排。

（2）计算公式

当污水悬浮物沉降资料时，可按表 4-16 计算。

表 4-16　计算公式

名　称	公　式	符　号　说　明
池子总表面积	$A = \dfrac{Q_{max} \times 3600}{q'}(\text{m}^2)$	Q_{max}——最大设计流量，m^3/s； q'——表面负荷，$\text{m}^3/(\text{m}^2 \cdot \text{h})$
沉淀部分有效水深	$h_2 = q' \cdot t$	t——沉淀时间，h
沉淀部分有效容积	$V' = Q_{max} \times t \times 3600(\text{m}^3)$ 或 $V' = A \cdot h_2(\text{m}^3)$	
池长	$L = 3.6vt(\text{m})$	v——最大设计流量时的水平流速，mm/s
池子总宽度	$B = A/L(\text{m})$	
池子个数（或分格数）	$n = \dfrac{B}{b}$	b——每个池子（或分格）宽度，m

名　称	公　式	符　号　说　明
污泥部分所需的容积	$(1) V=\dfrac{SNT}{1000}(\mathrm{m}^3)$ $(2) V=\dfrac{Q_{\max}(C_1-C_2)86400T\times100}{K_z\gamma(100-P_0)}(\mathrm{m}^3)$	S——每人每日污泥量，L/(人·d)，一般采用 0.3～0.8L/(人·d)； N——设计人口数，人； T——两次清除污泥间断时间，d； C_1——进水悬浮物浓度，t/m³； C_2——出水悬浮物浓度，t/m³； K_z——生活污水量总变化系数； γ——污泥容量，t/m³，取 1.0t/m³； P_0——污泥含水率，%
池子总高度	$H=h_1+h_2+h_3+h_4(\mathrm{m})$	h_1——超高，m； h_3——缓冲层高度，m； h_4——污泥部分高度，m
污泥斗容积	$V_t=\dfrac{1}{3}h_4''(f_1+f_2+\sqrt{f_1f_2})(\mathrm{m}^3)$	f_1——斗上口面积，m²； f_2——斗下口面积，m²； h_4''——泥斗高度，m
污泥斗以上梯形部分污泥容积	$V_2=\left(\dfrac{l_1+l_2}{2}\right)h_4'\cdot b(\mathrm{m}^3)$	l_1——梯形上底长，m； l_2——梯形下底长，m； h_4'——梯形的高度，m

（3）设计计算举例

【例 4-5】 某城市污水处理厂最大设计流量 43200m³/d，设计人口 250000人，沉淀时间 1.50h，采用链带式刮泥机，求沉淀池各部分尺寸。

【解】 无污水悬浮物沉降资料。

① 池子总面积：

设表面负荷 $q'=2.0\mathrm{m}^3/(\mathrm{m}^2\cdot\mathrm{h})$，设计流量：0.5m³/s，则

$$A=\frac{Q_{\max}\times3600}{q'}=\frac{0.5\times3600}{2}=900(\mathrm{m}^2)$$

② 沉淀部分有效水深：

$$h_2=q't=2\times1.5=3.0\mathrm{m}$$

③ 沉淀部分有效容积：

$$V' = Q_{max} \times t \times 3600 = 0.5 \times 1.5 \times 3600 = 2700 \text{m}^3$$

④ 池长

设水平流速 $v = 3.70 \text{mm/s}$，则：

$$L = vt \times 3.6 = 3.7 \times 1.5 \times 3.6 = 20 \text{m}$$

⑤ 池子总宽度：

$$B = A/L = 900/20 = 45 \text{m}$$

⑥ 池子个数

设每个池子宽 4.5m，则：

$$n = B/b = 45/4.5 = 10 \text{ 个}$$

⑦ 校核长宽比

长宽比： $\dfrac{L}{b} = \dfrac{20}{4.5} = 4.4 > 4.0 (符合要求)$

⑧ 污泥部分需要的总容积

设 $T = 2\text{d}$ 污泥量为 25g/(人·d)，污泥含水率为 95%，则
每人每日污泥量：

$$S = \frac{25 \times 100}{(100 - 95) \times 1000} = 0.50 \text{L/(人·d)}$$

$$V = \frac{SNT}{1000} = 0.5 \times 250000 \times 2.0/1000 = 250 \text{m}^3$$

⑨ 每格池污泥所需容积：

$$V'' = \frac{v}{n} = 250/10 = 25 \text{m}^3$$

⑩ 污泥斗容积：
采用污泥斗见图 4-6。

$$V_t = \frac{1}{3}h_4''(f_1 + f_2 + \sqrt{f_1 f_2}) \qquad h_4' = \frac{4.5 - 2.5}{2}\tan 60° = 3.46 \text{m}$$

$$V_t = \frac{1}{3} \times 3.46 \times (4.5 \times 4.5 + 0.5 \times 0.5 + \sqrt{4.5^2 \times 0.5^2}) = 26 \text{m}^3$$

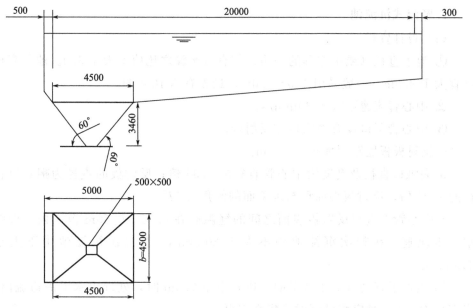

图 4-6　污泥斗计算示意

⑪ 污泥斗以上梯形部分污泥容积：

$$v_2 = \left(\frac{l_1 + l_2}{2}\right)h'_4 \cdot b$$

$$h_4 = (20 + 0.3 - 4.5) \times 0.01 = 0.158\text{m}$$

$$l_1 = 20 + 0.3 + 0.5 = 20.80\text{m}$$

$$l_2 = 4.50\text{m}$$

$$v_2 = \frac{20.80 + 4.50}{2} \times 0.158 \times 4.5 = 9.0\text{m}^3$$

⑫ 污泥斗和梯形部分污泥体积：

$$V_1 + V_2 = 29 + 6 = 35.00\text{m}^3 > 25\text{m}^3$$

⑬ 池子总高度

设缓冲层高度 $h_3 = 0.50\text{m}$，则：

$$H = h_1 + h_2 + h_3 + h_4 \quad h_4 = h'_4 + h''_4 = 0.158 + 3.46 = 3.62\text{m}$$

$$H = 0.3 + 2.4 + 0.5 + 3.62 = 6.82\text{m}$$

2. 竖流式沉淀池

（1）设计资料

① 池子直径（或正方形的一边）与有效水深之比值不大于 3.0。池子直径不宜大于 8.0m。一般采用 4.0～7.0m，最大有达 10m 的。

② 中心管流速不大于 30mm/s。

③ 中心管下口设有喇叭口和反射板。

a.反射板板底距泥面至少 0.3m。

b.喇叭口直径及高度为中心管直径的 1.35 倍；反射板的直径为喇叭口直径的 1.30 倍，反射板表面积与水平面的倾角为 17°。

c.中心管下端至反射板表面之间的缝隙高在 0.25～0.50m 范围内，缝隙中污水流速，在初次沉淀池中不大于 30mm/s，在二次沉淀池中不大于 20mm/s。

④ 当池子直径（或正方形的一边）小于 7.0m 时，处理出水沿周边流出；当直径 $D \geqslant 7.0$ 时应增设辐射式集水支渠。

⑤ 排泥管下端距池底不大于 0.20m，管上端超出水面不小于 0.40m。

⑥ 浮渣挡板距集水槽 0.25～0.5m，高出水面 0.1～0.15m；淹没深度 0.3～0.4m。

（2）计算公式

计算公式见表 4-17。

（3）计算例题

【例 4-6】 某城市设计人口 $N = 60000$ 人，设计最大污水量 $Q_{max} = 0.13\text{m}^3/\text{s}$。

【解】 ①设中心管流速 $v_0 = 0.03\text{m/s}$ 采用池数 $n = 4$，则每池最大设计流量

$$q_{max} = \frac{Q_{max}}{n} = \frac{0.13}{4} = 0.0325\text{m}^3/\text{s} \quad A_0 = \frac{q_{max}}{v} = \frac{0.0325}{0.03} = 1.08\text{m}^2$$

② 沉淀部分有效断面积 A：

设表面负荷 $q' = 2.52\text{m}^3/(\text{m}^2 \cdot \text{h})$，则上升流速 $v = u_0 = 2.53\text{m/h} = 0.0007\text{m/s}$

$$A = \frac{q_{max}}{v} = \frac{0.0325}{0.0007} = 46.43\text{m}^2$$

表 4-17　计算公式

名　称	公　式	符　号　说　明
中心管面积	$f=\dfrac{q_{max}}{v_0}(\mathrm{m}^3)$	q_{max}——每池最大设计流量，m^3/s； v_0——中心管内流速，$\mathrm{m/s}$；
中心管直径	$d_0=\sqrt{\dfrac{4f}{\pi}}(\mathrm{m})$	v_1——污水由中心管喇叭口与反射板之间的缝隙流出流速，$\mathrm{m/s}$； d_1——喇叭口直径，m；
中心管喇叭口与反射板之间的缝隙高度	$h_3=\dfrac{q_{max}}{v_1\pi d_1}(\mathrm{m})$	v——污水在沉淀池中流速，$\mathrm{m/s}$； t——沉淀时间，h； S——每人每日污泥量，$\mathrm{L/(\text{人}\cdot d)}$，一般采用 $0.3\sim0.8\mathrm{L/(\text{人}\cdot d)}$；
沉淀部分有效断面积	$F=\dfrac{q_{max}}{v}(\mathrm{m}^2)$	N——设计人口数； T——两次清除污泥间隔时间，d； C_1——进水悬浮浓度，$\mathrm{t/m}^3$； C_2——出水悬浮浓度，$\mathrm{t/m}^3$；
沉淀池直径	$D=\sqrt{\dfrac{4(F+f)}{\pi}}(\mathrm{m})$	K_z——生活污水量总变化系数； γ——污泥重量，$\mathrm{t/m}^3$，取 $1.0\mathrm{t/m}^3$； p_0——污泥含水率，%；
沉淀池部分有效水深	$h_2=vt3600(\mathrm{m})$	h_1——超高，m； h_2——沉淀池有效水深，m； h_3——中心管喇叭口与反射板之间的缝隙高度，m； h_4——缓冲层高度，m；
沉淀部分所需总容积	$V=\dfrac{SNT}{1000}(\mathrm{m}^3)$ $V=\dfrac{q_{max}(C_1-C_2)86400T\times100}{K_z\gamma(100-p_0)}(\mathrm{m}^3)$	h_5——污泥室圆截锥部分的高度，m； R——圆截锥上部半径，m； r——圆截锥下部直径，m
圆截锥部分容积	$V_2=\dfrac{\pi h_5}{3}(R^2+Rr+r^2)(\mathrm{m}^3)$	
沉淀池总高度	$H=h_1+h_2+h_3+h_4+h_5(\mathrm{m})$	

③ 沉淀池直径 D：

$$D=\sqrt{\frac{4(A+A_0)}{\pi}}=\sqrt{\frac{4\times(46.43+1.08)}{\pi}}=7.8\mathrm{m}<8\mathrm{m}$$

④ 沉淀有效水深 h_2:

设沉淀时间 $T=1.5\text{h}$, 则 $h_2=vT\times3600=0.0007\times1.5\times3600=3.78\text{m}$

⑤ 校核池径水深比:

$$D/h_2=7.8/3.78=2.06<3(负荷要求)$$

⑥ 校核集水槽每米出水堰的过水负荷:

$$q_0=\frac{q_{max}}{\pi D}=\frac{0.0325}{\pi\times7.8}\times1000=1.33\text{L/s}<2.9\text{L/s}$$

符合要求, 可不另设辐射式集水槽。

⑦ 污泥体积 V

设污泥清除间隔时间 $T_g=2\text{d}$, 每人每日产生的湿污泥量 $W=0.5\text{L}$。则:

$$V=\frac{WNT_g}{1000}=\frac{0.5\times60000\times2}{10000}=60\text{m}^3$$

⑧ 每池污泥体积 V_1:

$$V_1=\frac{V}{n}=\frac{60}{4}=15\text{m}^3$$

⑨ 池子圆截锥部分有效容积 V_2

设圆锥底部直径 d' 为 0.4m, 截锥高度为 h_5, 圆截锥侧壁倾角 $\alpha=55°$, 则:

$$h_5=(D/2-d'/2)\tan\alpha=\left(\frac{7.8}{2}-\frac{0.4}{2}\right)\tan55°=5.28\text{m}$$

$$V_2=\frac{\pi h_5}{3}(R^2+r^2+Rr)=\frac{\pi\times5.28}{3}\times(3.9^2+0.2^2+3.9\times0.2)$$
$$=88.63\text{m}^3>15\text{m}^3$$

可见池内足够容纳 2d 污泥量。

⑩ 中心管直径 d_0:

$$d_0=\sqrt{\frac{4A_0}{\pi}}=\sqrt{\frac{4\times1.08}{\pi}}=1.17\text{m}$$

⑪ 中心管喇叭口下缘至反射板的垂直距离 h_3, 设流过该缝隙的污水流速

$v_1 = 0.02\text{m/s}$，喇叭口直径 $d_1 = 1.35d_0 = 1.35 \times 1.17 = 1.58\text{m}$，则：

$$h_3 = \frac{q_{\max}}{v_1 \pi d_1} = \frac{0.0325}{0.02 \times \pi \times 1.58} = 0.33\text{m}$$

⑫ 沉淀池总高度 H

设池子保护高度 $h_1 = 0.3\text{m}$，缓冲层高 $h_4 = 0$（因泥面很低），则：

$$H = h_1 + h_2 + h_3 + h_4 + h_5 = 0.3 + 3.78 + 0.33 + 0 + 5.28$$
$$= 10\text{m}$$

3. 辐流式沉淀池

（1）设计资料

① 池子直径（或正方形的一边）与有效水深的比值，一般采用 6~12。

② 池径不宜小于 16m。

③ 池底坡度一般 $\geqslant 0.05$。

④ 一般采用机械刮泥，也可附有空气提升或静水头排泥设施（此方法多用于二沉池）。

⑤ 当池径（或正方形的一边）较小（小于 20m）时，也可采用多斗排泥。

⑥ 进、出水的布置方式可分为：中心进水周边出水；周边进水中心出水；周边进水周边出水。

⑦ 池径小于 20m，一般采用中心传动的刮泥机，其驱动装置设在池子中心走道板上；池径大于 20m 时，一般采用周边传动的刮泥机，其驱动装置设在桁架的外缘。

⑧ 刮泥机旋转速度一般为 1~3r/h，外周刮泥板的线速不超过 3m/min，一般采用 1.5m/min。

⑨ 在进水口的周围应设置整流板，整流板的开孔面积为过水断面面积的 10%~20%。

⑩ 浮渣用浮渣刮泥板收集，刮渣板装在刮泥机桁架的一侧，在出水堰前应设置浮渣挡板。

⑪ 周边进水中心出水的辐流式沉淀池是一种沉淀效率较高的池型，与中心进水、周边出水的辐流式沉淀池相比，其设计表面负荷可提高 1 倍左右。

（2）计算公式

辐流式沉淀取池子半径 1/2 处的水流断面为计算断面，计算公式见表 4-18。

表 4-18 计算公式

名称	公式	符号说明
沉淀部分水面面积	$A = \dfrac{Q_{max}}{nq'} \; (\text{m}^2)$	Q_{max}——每池最大设计流量，m³/h； n——池数，个； q'——表面负荷，m³/(m²·h)
池子直径	$D = \sqrt{\dfrac{4A}{\pi}} \; (\text{m})$	
沉淀部分有效水深	$h_2 = q't \; (\text{m})$	t——沉淀时间，h
沉淀部分有效容积	$V' = \dfrac{Q_{max}}{n} \cdot t \; (\text{m}^3)$ 或 $V' = Ah_2 \; (\text{m}^3)$	
污泥部分所需容积	$V = \dfrac{SNT}{1000n} \; (\text{m}^3)$ $V = \dfrac{Q_{max}(C_1 - C_2)24 \times 100T}{K_z\gamma(100 - p_0)n} \; (\text{m}^3)$	S——每人每日污泥量，L/(人·d)，一般采用 0.3～0.8L/(人·d)； N——设计人口数； T——两次清除污泥间隔时间，d； K_z——生活污水量总变化系数； γ——污泥重量，t/m³，取 1.0t/m³； p_0——污泥含水率，%； C_1——进水悬浮浓度，t/m³； C_2——出水悬浮浓度，t/m³
污泥斗容积	$V_2 = \dfrac{\pi h_5}{3}(r_1^2 + r_1 r_2 + r_2^2) \; (\text{m}^3)$	h_5——污泥斗高度，m； r_1——污泥斗上部半径，m； r_2——污泥斗下部半径，m
污泥斗以上圆锥部分污泥容积	$V_2 = \dfrac{\pi h_4}{3}(R^2 + Rr_1 + r_1^2) \; (\text{m}^3)$	h_4——圆锥体高度，m； R——池子半径，m
沉淀池总高度	$H = h_1 + h_2 + h_3 + h_4 + h_5 \; (\text{m})$	h_1——超高，m； h_3——缓冲层高度，m

（3）计算例题

【例 4-7】 某城市污水厂的最大设计流量 $Q_{max} = 2450\text{m}^3/\text{h}$，设计人口 $N = 34$ 万，采用机械刮泥，设计辐流式沉淀池。

【解】 ①沉淀池表面积：

取 $q_0' = 2 \mathrm{m^3/(m^2 \cdot h)}$，$n = 2$ 座，则 $A_1 = \dfrac{Q_{\max}}{nq_0} = \dfrac{2450}{2 \times 2} = 612.5 \mathrm{m^2}$

池径 $\qquad D = \sqrt{\dfrac{4A_1}{\pi}} = \sqrt{\dfrac{4 \times 612.5}{\pi}} = 27.9 \mathrm{m}$（取 $D = 28 \mathrm{m}$）

② 有效水深：

取沉淀时间 $t = 1.5 \mathrm{h}$，则 $h_2 = q_0 t = 2 \times 1.5 = 3 \mathrm{m}$

③ 沉淀池总高度：

每天污泥量用下式计算： $\qquad V_1 = \dfrac{SNt}{1000n} = \dfrac{0.5 \times 34 \times 10^4 \times 4}{1000 \times 2 \times 24} = 14.2 \mathrm{m^3}$

式中 S 取 $0.5 \mathrm{L/(人 \cdot d)}$，由于用机械刮泥，所以污泥在斗内贮存时间用 4h。

污泥斗容积用几何公式计算：

$$V_1 = \dfrac{\pi h_5}{3}(r_1^2 + r_1 r_2 + r_2^2) = \dfrac{\pi \times 1.73}{3}(2^2 + 2 \times 1 + 1^2) = 12.7 \mathrm{m^3}$$

$$h_5 = (r_1 - r_2)\tan\alpha = (2 - 1)\tan 60° = 1.73 \mathrm{m}$$

底坡落差 $\qquad h_4 = (R - r_1) \times 0.05 = 0.6 \mathrm{m}$

因此，池底可贮存污泥的体积为：

$$V_2 = \dfrac{\pi h_4}{4}(R^2 + Rr_1 + r_1^2) = \dfrac{\pi \times 0.6}{3}(14^2 + 14 \times 2 + 2^2) = 143.2 \mathrm{m^3}$$

共可贮存污泥体积为： $\qquad V_1 + V_2 = 12.7 + 143.2 = 156 \mathrm{m^3} > 14.2 \mathrm{m^3}$

沉淀池总高度： $\qquad H = 0.3 + 3 + 0.5 + 0.6 + 1.73 = 6.13 \mathrm{m}$

④ 沉淀池周边处的高度为： $\qquad h_1 + h_2 + h_3 = 0.3 + 3.0 + 0.5 = 3.8 \mathrm{m}$

⑤ 径深比校核： $\qquad D/h_2 = 28/3 = 9.3$（合格）

四、生物处理——活性污泥法

（一）传统活性污泥法

1. 传统活性污泥法工艺流程及设计运行参数

活性污泥法创建于 1917 年，是利用河川自净原理的人工强化高效污水处理工艺，几十年来出现过各种活性污泥法变法，近年来微生物学和细胞学在污水生化处理上的应用又有了新的进展，但是其原理和工艺过程没有根本上的改变。普通活性污泥法在世界各大城市污水厂中仍占主流位置。

（1）传统活性污泥法工艺流程

活性污泥法系统主要由曝气池、曝气系统、二沉池、污泥回流系统和剩余污泥排放系统组成。其工艺流程见图 4-7。

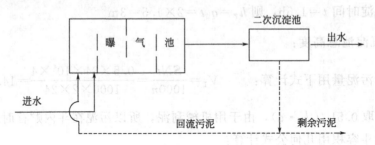

图 4-7　传统活性污泥工艺流程

（2）活性污泥法有多种运行方式，各种运行方式的设计运行参数见表 4-19。

表 4-19　设计运行参数

项目	活性污泥法	阶段曝气法（分步入流）	吸附再生	合建式表面曝气池	延时曝气法
曝气时间/h	6～8	4～6	＞5	2～3	16～24
MLSS/(mg/L)	1500～2000	2000～3000	2000～8000	3000～6000	3000～6000
污泥回流比/%	25～50	25～75	50～100	50～150	50～150
BOD 容积负荷 /[kg/(m³·d)]	0.3～0.8	0.4～1.4	0.8～1.4	0.6～2.4	0.15～0.25
BOD-MLSS 负荷 /[kg/(kgMLSS·d)]	0.2～0.4	0.2～0.4	0.2～0.4	0.2～0.4	0.03～0.05
送气量/(m³/m³ 污水)	3～7	3～7	＞12	5～8	＞15
污泥龄/d	2～4	2～4	44	2～4	15～30
BOD 去除率/%	95	95	90	85～90	75～90

（3）活性污泥法基本计算公式见表 4-20。

表 4-20　计算公式

项　目	公　式	主要符号说明
处理效率	$\eta = \dfrac{S_a - S_e}{S_a} \times 100\%$	η——BOD 去除效率，%； S_a——进水 BOD 浓度，kg/m³； S_e——出水 BOD 浓度，kg/m³；
曝气池容积 混合液污泥浓度	$V = \dfrac{Q S_a}{N_s X}$ (m³) $X = \dfrac{R}{1+R} \cdot X_r$	Q——污水设计流量，m³/d； N_s——BOD-污泥负荷，kgBOD₅/(kgMLSS·d)； X——污泥浓度 MLSS，kg/m³
水力停留时间	$T = \dfrac{V}{Q}$ (h)	T——水力停留时间，h
污泥产量	干泥量： $W = aQ S_r - bV X_V$ (kg/d) 湿泥量： $Q_s = \dfrac{W}{f X_r}$ (m³/d) $X_r = \dfrac{10^6}{SVI} \cdot r$ (mg/L)	W——系统每日排除剩余污泥量，kg/d； a——污泥增值系数，0.5~0.7； b——污泥自身氧化率，0.04~0.1； X_V——挥发性悬浮固体浓度 MLVSS，kg/m³； $X_V = fX = 0.75X$ X_r——回流污泥浓度，mg/L； SVI——污泥指数
泥龄	$\theta_c = \dfrac{X_V V}{W}$ (d)	θ_c——污泥龄，生物固体平均停留时间，d
曝气池需氧量	$O_2 = a' Q S_r + b' V X_V$	O_2——混合液每日需氧量，kgO₂/d； a'——氧化每千克 BOD 需氧千克数，kgO₂/kgBOD， 　　一般取 0.42~0.53kgO₂/kgBOD； b'——污泥自身氧化需氧率，kgO₂/(kgMLVSS·d)， 　　一般取 0.188~0.11kgO₂/(kgMLVSS·d)

2. 设计计算例题

【例 4-8】　设城市污水一级出水 BOD₅＝200mg/L（0.2kg/m³），设计流量 $Q = 2700$ m³/h，$K_z = 1.3$，水温 13~20℃，要求二级出水 BOD₅＝20mg/L，求普通推流式曝气池的有关资料。

【解】

（1）水处理程度的计算

根据要求，处理效率 $\eta = \dfrac{200-20}{200} = \dfrac{180}{200} = 90\%$

（2）曝气池的计算

按 BOD—污泥负荷法计算。

① BOD—污泥负荷率的确定。

拟采用的 BOD—污泥负荷率为 $0.3\text{kgBOD}_5/(\text{kgMLSS} \cdot \text{d})$，但为稳妥，需加以校核，校核公式为：

$$N_s = \frac{K_2 S_e f}{\eta} = \frac{0.0185 \times 20 \times 0.75}{0.9} = 0.308\text{kgBOD}_5/(\text{kgMLSS} \cdot \text{d})$$

$$\approx 0.3\text{kgBOD}_5/(\text{kgMLSS} \cdot \text{d})，(K_2 \text{ 取值 } 0.0185)$$

计算结果证明，N_s 值取 0.3 是适宜的。

② 确定混合液污泥浓度（X）。

根据已定的 N_s 查相关表得相应的 SVI 值为 $100 \sim 150$ 之间，取值 120。

$$X_r = \frac{10^6}{SVI} \cdot r = \frac{10^6}{120} \times 1.2 = 10000\text{mg/L}，\text{取 } R = 0.5。$$

$$X = \frac{R}{1+R} \cdot X_r = \frac{0.5}{1+0.5} \times 10000 = 3333\text{mg/L} \approx 3300\text{mg/L}$$

③ 确定曝气池容积。

$$V = \frac{QS_a}{N_s X} = Q_{\text{设}} \times 24 \times \frac{S_a}{N_s X} = \frac{2700 \times 24 \times 200}{0.3 \times 3300} = 13090.91\text{m}^3$$

④ 确定曝气池各部位尺寸。

设 2 组曝气池，每组容积为　　$V_{\text{单}} = \dfrac{13090.91}{2} = 6545.45\text{m}^3$

取池深 $h = 4.2\text{m}$，则每组曝气池面积为　　$F = \dfrac{6545.45}{4.2} = 1558.44\text{m}^2$

取池宽 8m，$B/h = 1.91$ 介于 $1 \sim 2$ 之间，负荷规定，扩散装置可设在廊道的一侧。

池长　　　　　　　　$L = \dfrac{F}{B} = \dfrac{1558.44}{8} = 194.81\text{m}$

$$\frac{L}{B} = \frac{194.81}{8} = 24.35 > 10，\text{符合规定 } L \geqslant (5 \sim 10)B$$

设三廊道式曝气池，单廊道长 $L_1=\dfrac{L}{3}=\dfrac{194.81}{3}=64.94\mathrm{m}$ 介于 $50\sim70$ 之间，合理。

取超高 0.5m，则池总高度为 $H=0.5+h=4.7\mathrm{m}$

（3）剩余污泥的计算

干泥量：

$$W=aQS_r-bVX_v=0.5\times2700\times24\times0.18-0.07\times13090.91\times3.3\times0.75$$
$$=3564(\mathrm{kg/d})=148.5\mathrm{kg/h}$$

湿污泥量 $\qquad Q_s=\dfrac{W}{fX_r}=\dfrac{3564}{0.75\times10}=475.2\mathrm{m^3/d}$

（4）曝气系统的计算

曝气池混合液需氧量：$R=O_2=a'QS_r+b'VX_v$（符号意义同前）

因为氧转移效率 E_A 值是根据不同的扩散装置在标准状态下脱氧清水中测定出的，因此需要供给曝气池混合池的充氧量（R）必须换算成相应于水温为 20℃，气压为一个大气压的脱氧清水之充氧量（R_0），再按供气量公式换算成供空气量

$$R_0=\frac{RC_{s(20)}}{\alpha\left[\beta\cdot\rho\cdot C_{s(T)}-C\right]1.024^{(T-20)}}\quad（表面机械曝气）$$

或 $\qquad R_0=\dfrac{RC_{sb(20)}}{\alpha\left[\beta\cdot\rho\cdot C_{sb(T)}-C\right]1.024^{(T-20)}}\quad（鼓风曝气）$

式中 $\quad\alpha$——污水中氧的总转移系数修正系数＜1；

$\qquad\beta$——污水中氧的饱和度修正系数＜1；

$\qquad\rho$——扩散装置出口处的溶解氧浓度值 C_s，受氧的分压的影响，气压降低，C_s 值随之下降；反之则提高。因此，在气压不是 $1.013\times10^5\mathrm{Pa}$ 的地区，水中溶解氧的浓度 C 应乘以如下的压力修正系数。

$$\rho=\frac{\text{所在地区实际气压(Pa)}}{1.013\times10^5}$$

对鼓气曝气池，安装在池底的空气扩散装置出口处的氧分压力最大，C_s 值也最大；但随气泡上升至水面，气体压力逐渐降低，降低到一个大气压，而且气泡中的一部分氧已转移到液体中，所以鼓风曝气池中的 C_s 值应是扩散装

置出口处和混合液表面两处的溶解氧饱和浓度的平均值，按下式计算：

$$C_{sb} = C_s \left(\frac{P_b}{2.066 \times 10^5} + \frac{O_t}{42} \right)$$

式中　C_{sb}——鼓风曝气池内混合液溶解氧饱和度的平均值，mg/L；

　　　C_s——在大气压力条件下，氧的饱和度，mg/L；

　　　P_b——空气扩散装置出口处的绝对压力，Pa，$P_b = P + 9.8 \times 10^5 \times H$，
　　　　　其中 H 为空气扩散装置出口处的安装深度，m；P 为大气压
　　　　　力，1.013×10^5 Pa；

　　　O_t——气泡离开池面时氧的百分比（%），$O_t = \dfrac{21(1-E_A)}{79 + 21(1-E_A)} 100\%$，

　　　　　E_A 为空气扩散装置的氧的转移效率，一般为 6%～12% 之间。

供气量与供氧量之间有如下关系：

$$S = G_s \times 0.21 \times 1.43 = 0.3 G_s$$

式中　S——供氧量，kg/h；

　　　G_s——供气量，m³/h；

　　0.21——氧在空气中占的百分比；

　　1.43——氧的容重，kg/m³。

对于鼓风曝气，各种空气扩散装置在标准状态下的 E_A 值是厂商提供的，供气量可通过下式计算：

$$G_s = \frac{R_0}{0.3 E_A} \cdot 100 (\text{m}^3/\text{h})$$

【例 4-9】　计算条件为前述传统活性污泥法曝气池，采用鼓风曝气，曝气池出口处溶解氧浓度 $C = 2$mg/L，计算水温 30℃。

有关各项系数：$a' = 0.5$；$b' = 0.15$；$\alpha = 0.85$；$\beta = 0.95$；$\rho = 1$；$E_A = 10\%$（生活污水的 a' 值为 0.42～0.53，b' 值介于 0.188～0.11 之间）。

【解】

（1）平均需氧量

$$R = O_2 = a'QS_a + b'VX_v$$

$$X_v = f \cdot X = 0.75 \times 3300 = 2475 \approx 2500 \text{mg/L} \approx 2.5 \text{kg/m}^3$$

将各值代入上式

$$R = O_2 = a'QS_a + b'VX_v = 0.5 \times \frac{2700 \times 24}{1.3} \times 0.18 + 0.15 \times 13090.91 \times 2.5$$

$$= 9395.25 \text{kg/d} = 391.47 \text{kg/h}$$

（2）最大时需氧量

$$O_{2\max} = a'Q_{设}S_r + b'VX_v = (0.5 \times 2700 \times 24 \times 0.18 + 0.15 \times 13090.91 \times 2.5) \div 24$$

$$= 447.55 \text{kg/h}$$

每日去除的 BOD_5 值：$\quad BOD_r = QS_r = \frac{2700 \times 24}{1.3} \times 0.18 = 8972.31 \text{kg/d}$

式中　　　$S_r = S_0 - S_e = 200 - 20 = 180 \text{mg/L} = 0.18 \text{mg/m}^3$

去除每千克 BOD_5 的需氧量：

$$\Delta O_2 = \frac{O_2}{BOD_r} = \frac{8262.38}{8972.31} = 0.92 \text{kgO}_2/\text{kgBOD}_5$$

最大需氧量与平均需氧量之比：$\quad \dfrac{O_{2\max}}{O_2} = \dfrac{400.34}{344.27} = 1.16$

（3）计算曝气池内平均溶解氧饱和度

采用网状模型中微孔空气扩散器，敷设于池底，距池底 0.2m，淹没深 4.0m，计算温度定为 30℃。

在运行正常的曝气池中，当混合液在 15～30℃ 范围内时，混合液溶解氧浓度 C 能够保持在 1.5～2.0mg/L 左右，最不利的情况将出现在温度为 30～35℃的盛夏，故计算水温采用 30℃。

$$C_{sb} = C_s \left(\frac{P_b}{2.066 \times 10^5} + \frac{O_t}{42} \right)$$

① $P_b = 1.013 \times 10^5 + 9.8 \times 10^3 \times 4 = 1.41 \times 10^5 \text{Pa}$

② $O_t = \dfrac{21(1 - E_A)}{79 + 21(1 - E_A)} \times 100\% = \dfrac{21(1 - 0.1)}{79 + 21(1 - 0.1)} \times 100\% = 19.3\%$

③ 查表确定 20℃ 和 30℃（计算水温）的氧的饱和度

$$C_{s(20°)} = 9.2 \text{mg/L} \quad C_{s(30°)} = 7.63 \text{mg/L}$$

$$C_{sb(30°)} = C_s \left(\frac{Pb}{2.066 \times 10^5} + \frac{O_t}{42} \right) = 7.63 \left(\frac{1.41 \times 10^5}{2.066 \times 10^5} + \frac{19.3}{42} \right)$$

$$= 8.71 \text{mg/L}$$

$$C_{sb(20°)}=C_s\left(\frac{Pb}{2.066\times10^5}+\frac{O_t}{42}\right)=9.2\left(\frac{1.41\times10^5}{2.066\times10^5}+\frac{19.3}{42}\right)$$

$$=10.51\text{mg/L}$$

（4）计算鼓风曝气池 20℃时脱氧清水的需氧量

$$R_0=\frac{RC_{sb(20)}}{\alpha\,[\beta\cdot\rho\cdot C_{sb(T)}-C]\,1.024^{(T-20)}}=\frac{8262.38\times10.51}{0.85\,[0.95\times1\times8.71-2]\,1.024^{(30-20)}}$$

$$=\frac{86837.61}{6.76}=12851.50\text{kg/d}=535.48\text{kg/h}$$

（5）求供气量

$$G_s=\frac{R_0}{0.3E_A}\times100=\frac{535.48}{0.3\times10}\times100=17849.33(\text{m}^3/\text{h})=297.49\text{m}^3/\text{min}$$

空气管路计算（略）。

（二）A/O 脱氮

1. 污水中氮的含量及存在形式

城市污水中的氮主要以有机氮、氨氮两种形式存在，硝态氮含量很低。其中有机氮 $30\%\sim40\%$，氨氮 $60\%\sim70\%$，亚硝酸盐氮和硝酸盐氮仅 $0\sim5\%$。

典型的生活污水中，TN 的含量为 $20\sim85\text{mg/L}$，中常值为 40mg/L，一般城市污水 TN 在 $20\sim50\text{mg/L}$ 之间。

2. A/O 工艺原理及功能

A/O 工艺将缺氧反硝化反应池置于该工艺之首，所以又称为前置反硝化生物脱氮工艺。这是目前实际工程中应用较多的一种较为简单实用的生物脱氮工艺。

生物脱氮的基本原理是在传统的二级处理中将有机氮转化为氨氮的基础上，通过硝化和反硝化菌的作用，将氨氮转化成为亚硝态氮、硝态氮，再通过反硝化作用将硝态氮转化成为氮气，从而达到从废水中脱氮的目的。

在传统活性污泥法中，污水中的氮、磷的去除量，仅仅是由于微生物细胞合成而从污水中摄取的数量，因此其去除率低，氮为 $20\%\sim40\%$，磷仅为 $5\%\sim20\%$。A/O 工艺脱氮率一般可达到 $70\%\sim80\%$。

3. A/O 工艺流程

A/O 工艺流程，通常如图 4-8 所示。

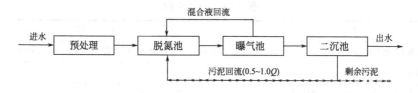

图 4-8　A/O 脱氨工艺流程

A/O 脱氮工艺具有流程简单，工程造价低的优点。其主要工艺特征是将脱氮池设置在去除碳过程的前部，使脱氮过程一方面能直接利用进水中的有机碳源而省去外加碳源；另一方面则通过曝气池混合液的回流，使其中的 NO_3^- 在脱氮池内反硝化，使氮得以去除。

A/O 工艺脱氮率，受混合液回流比的制约，脱氮率(η)与混合液回流比($R_内$)之间有如下关系：$R_内 = \dfrac{\eta}{1-\eta}$，当 $R_内 = 900\%$ 时，脱氮率可达到 90%，但此时动力费用太大，不甚经济，故一般脱氮率在 80% 以内。

4. A/O 工艺设计要点及设计运行参数

（1）设计要点

设计时所采用的硝化菌和反硝化菌的反应速率常数应取冬季水温时的数值。

① 硝化工况：

a. 好氧池出口溶解氧在 $1\sim 2\text{mg/L}$ 之上；

b. 适宜温度为 $20\sim 30℃$，最低水温应 $\geqslant 13℃$，低于 $13℃$ 硝化速率明显降低；

c. TNK 负荷 $<0.05\text{kgTNK/(kgMLSS·d)}$；

d. $\text{pH} = 8.0\sim 8.4$。

② 反硝化工况：

a. 溶解氧趋近于零；

b. 生化反应池进水溶解性 BOD 浓度与硝态氮浓度之比应在 4 以上，即：

$$\text{(S-BOD：NO}_T\text{-N}\geqslant 4：1)$$

理论 BOD 消耗量为 $1.72\text{gBOD/gNO}_T\text{-N}$，实测为 $1.88\ \text{gBOD/gNO}_T\text{-N}$。

c. $\text{pH} = 6.5\sim 8.0$。

（2）设计参数

主要设计参数见表 4-21。

表 4-21　设计参数

项　目	数　值
水利停留时间 HRT/h	A 段 0.5～1.0(≤2)；O 段 2.5～6　A：O=1：(3～4)
污泥龄 θ_c/d	>10
污泥负荷 N_s/[kgBOD$_5$/(kgMLSS·d)]	0.1～0.7 (≤0.18)
污泥浓度 X/(mg/L)	2000～5000 (≥3000)
总氮负荷率/[kgTN/(kgMLSS·d)]	≤0.05
混合液回流比 R_N/%	200～500
污泥回流比 R/%	50～100
反硝化池 S-BOD$_5$/NO$_T^-$-N	≥4

注：( )内数值仅供参考。

（3）需氧量的计算

脱氮工艺的好氧段需氧量，应包括有机物降解的需氧量和硝化需氧量两部分，并考虑扣除排放剩余污泥所减少的 BOD$_5$ 和氨氮的氧当量（此部分 BOD 和氨氮并未耗氧）以及反硝化过程的产氧量，按下式计算：

$$O_2 = a'L_r + b'N_r - b'N_D - c'X_w$$

$$L_r = KQ(L_0 - L_e)$$

$$N_r = QK(NK_0 - NK_e) - 0.12X_w$$

$$N_D = QK(NK_0 - NK_e - NO_e) - 0.12X_w$$

式中　　O_2——需氧量，kg/d；

　　　　L_r——BOD 去除量，kg/d；

　　　　Q——污水平均日流量，m³/d；

　　　　K——污水日变化系数；

L_0、L_e——污水流入、流出的 BOD 浓度，g/m³；

　　　　N_r——氨氮被硝化去除量，kg/d；

NK_0、NK_e——进、出水 K 氏氮浓度，g/m³；

　　　　X_w——每天生成的剩余活性污泥的量，kg/d；

　　　　0.12——微生物体中氮含量的比例系数，即生成 1kg 生物体需 0.12kg 氮量；

　　　　N_D——硝态氮的脱氮量，kg/d；

　　　　NO_e——出水中硝态氮的浓度，g/m³；

a'、b'、c'——BOD$_5$、NH$_4^+$-N 和活性污泥量氧当量，其数值分别为 1、4.6、1.42。

详细的计算公式为：

$$O_2 = a'KQ(S_0 - S_e) + b'[QK(NK_0 - NK_e) - 0.12X_w]$$
$$- b'[QK(NK_0 - NK_e - NO_e) - 0.12X_w] \times 0.56 - c'X_w$$

式中　　　　　　　$a'KQ(S_0 - S_e)$——有机物降解的需氧量；

$b'[QK(NK_0 - NK_e) - 0.12X_w]$——氨氮硝化需氧量；

$b'[QK(NK_0 - NK_e - NO_e) - 0.12X_w]$——反硝化所放出的氧量，$b' \times 0.56 = 4.6 \times 0.56 \approx 2.6$，即每千克硝态氮被反硝化脱氮释放出 2.6kg 氧量；

$c'X_w$——排放剩余污泥氧当量的总和。

（4）反应池的容积计算

较为实际的计算方法是缺氧-好氧生化反应池容积与普通活性污泥法一样，按 BOD 污泥负荷率计算，计算公式同普通法，缺氧、好氧各段的容积比如下：

缺氧段：好氧段＝1：（3～4）

（5）计算公式

A/O 工艺设计计算公式见表 4-22。

表 4-22　计算公式

项　目	公　式	主要符号说明
生化反应池总容积 V/m^3	$V = \dfrac{24QL_0}{N_sX}$	Q——污水设计流量，m^3/h； L_0——生物反应池进水 BOD_5 浓度，kg/m^3；
水利停留时间 $(HRT)_t/\text{h}$	$t = \dfrac{V}{Q}$	L_r——生物反应池去除 BOD_5 浓度，kg/m^3； N_s——BOD 污泥负荷，$\text{kgBOD}_5/(\text{kgMLSS}\cdot\text{d})$；
剩余污泥量 $W/(\text{kg/d})$	$W = aQ_{平}L_r - bVX_v + S_rQ_{平} \times 50\%$	X——污泥浓度，kg/m^3； a——污泥产率系数，kg/kgBOD_5，一般为 $0.5 \sim 0.7\text{kg/kgBOD}_5$；
湿污泥量 $Q_s/(\text{m}^3/\text{d})$	$Q_s = \dfrac{W}{1000(1-P)}$	b——污泥自身氧化速率，d^{-1}，一般为 0.05d^{-1}； $Q_{平}$——平均日污水流量，m^3/d；
污泥龄 θ_c/d	$\theta_c = \dfrac{VX_v}{W}$	X_v——挥发性悬浮固体浓度，$X_v = fX$； f——系数一般为 0.75；
需氧量 $O_2/(\text{kg/d})$	$O_2 = a'QL_r + b'N_r - b'N_D - c'X_w$	S_r——生化反应池去除 SS 的浓度，kg/m^3； 50%——不可降解和惰性悬浮物量（NVSS）占 TSS 的百分数；
回流污泥浓度 $X_r/(\text{mg/L})$	$X_r = \dfrac{10^6}{SVI} \cdot r$	P——污泥含水率，$\%$； a'、b'、c'——BOD_5、NH_4^+-N 和活性污泥量氧当量，其数值分别为 1、4.6、1.42；
曝气池混合液浓度 $X/(\text{mg/L})$	$X = \dfrac{R}{1+R} \cdot X_r$	N_r——氨氮去除量，kg/m^3； N_D——硝态氮去除量，kg/m^3；
内回流比 $R_N/\%$	$R_N = \dfrac{\eta_{TN}}{1 - \eta_{TN}} \times 100\%$	W——剩余污泥量，kg/d； X_w——剩余活性污泥量，kg/d； R——污泥回流比，$\%$；

5. 设计计算例题

【例 4-10】 设城市污水设计流量 $Q_{设} = 5400 \text{m}^3/\text{h}$，$K_z = 1.3$，水温 $15 \sim 25 ℃$。

一级出水：$BOD_5 = 150 \text{mg/L}$（0.15kg/m^3），$SS = 126 \text{mg/L}$，$TKN = 25 \text{mg/L}$。

要求二级出水：$BOD_5 = 20 \text{mg/L}$，$SS = 30 \text{mg/L}$，$NH_4^+\text{-N} \approx 0$，$TN < 5 \text{mg/L}$。设计 A/O 脱氧曝气池。

【解】

（1）设计参数

① BOD 污泥负荷：$N_s = 0.13 \text{kgBOD}_5/(\text{kgMLSS} \cdot \text{d})$

$$(N_s \leqslant 0.18 \text{kgBOD}_5/(\text{kgMLSS} \cdot \text{d}))$$

② 污泥指数：$SVI = 150$

③ 回流污泥浓度：

$$X_r = \frac{10^6}{SVI} \cdot r = \frac{10^6}{150} \times 1 \approx 6600 \text{mg/L} \quad (r=1)$$

④ 污泥回流比：$R = 100\%$

⑤ 曝气池内混合液污泥浓度：

$$X = \frac{R}{1+R} \cdot X_r = \frac{1}{1+1} \times 6600 = 3300 \text{mg/L} = 3.3 \text{kg/m}^3$$

⑥ TN 去除率：

$$\eta_N = \frac{TN_0 - TN_t}{TN_0} = \frac{25-5}{25} \times 100 = 80\%$$

⑦ 内回流比：

$$R_{内} = \frac{\eta_{TN}}{1 - \eta_{TN}} = \frac{0.8}{1-0.8} \times 100\% = 400\%$$

（2）A/O 池主要尺寸

按 BOD 污泥负荷计算：

① 有效容积：$V = \dfrac{Q_{设} L_0}{N_s X} = \dfrac{5400 \times 24 \times 150}{0.13 \times 3300} = 45315 \text{m}^3$

② 有效水深：$H_1 = 4.5 \text{m}$

③ 曝气池总有效面积：$S_{总} = \dfrac{V}{H_1} = \dfrac{45315}{4.5} = 10070 m^2$

④ 分两组，每组有效面积：$S = \dfrac{S_{总}}{2} = 5035 m^2$

⑤ 设 5 廊道式曝气池，廊宽 $b = 10m$。

单组曝气池池长：$L_1 = \dfrac{S}{5 \times b} = \dfrac{5035}{50} = 100.7 m$（取 101m）

⑥ 污水在 A/O 池停留时间：$t = \dfrac{V}{Q} = \dfrac{45315}{5400} = 8.4 h$

⑦ A：O = 1：4，则 A 段停留时间：$t_1 = 1.68 h$；O 段停留时间：$t_2 = 6.72 h$

（3）剩余污泥量

$$W = aQ_{平} L_r - bVX_v + S_r Q_{平} \times 50\%$$

① 降解 BOD 生成污泥量：

$$W_1 = aQ_{平} L_r = 0.55 \times (0.15 - 0.02) \times \dfrac{5400 \times 24}{K_z} = 7128 kg/d$$

② 内源呼吸分解泥量：

$$X_v = fX = 0.7 \times 3300 = 2310 mg/L = 2.31 mg/m^3$$
$$W_2 = bVX_v = 0.05 \times 45315 \times 2.31 = 5233.9 kg/d$$

③ 不可生物降解和惰性悬浮物量（NVSS）

该部分约占总 TSS 的 50%。

$$W_3 = S_r Q_{平} \times 50\% = (0.126 - 0.03) \times \dfrac{5400 \times 24}{K_z} \times 0.5 = 4785.2 kg/d$$

④ 剩余污泥量为 $W = W_1 - W_2 + W_3 = 7128 - 5233.4 + 4785.2 = 6679.3 kg/d$

每日生成的活性污泥量：$X_w = W_1 - W_2 = 7128 - 5233.4 = 1894.6 kg/d$

⑤ 湿污泥量

污泥含水率：$P = 99.2\%$

$$Q_s = \dfrac{W}{1000(1-P)} = \dfrac{6679.3}{(1-0.992) \times 100} = 834.9 m^3/d$$

⑥ 污泥龄：$\theta_c = \dfrac{VX_v}{X_w} = \dfrac{2.31 \times 45315}{1894.6} = 55.25\text{d} > 10\text{d}$

（4）需氧量计算

$$O_2 = a'QL_r + b'N_r - b'N_D - c'X_w$$

$$= a'Q(L_0 - L_e) + b'[Q(NK_0 - NK_e) - 0.12X_w]$$

$$- b'[Q(NK_0 - NK_e - NO_e) - 0.12X_w] \times 0.56 - c'X_w$$

$$= 1 \times 5400 \times 24 \times (0.15 - 0.02) + 4.6 \times [5400 \times 24 \times (0.025 - 0) - 0.12 \times$$

$$1894.6] - 4.6 \times [5400 \times 24 \times (0.025 - 0.005 - 0) - 0.12 \times 1894.6] \times$$

$$0.56 - 1.42 \times 1894.6$$

$$= 21867.8\text{kg/d}$$

曝气系统其他部分计算方法与普通活性污泥法相同，此处省略。

缺氧段在水下设叶片式浆板或推进式搅拌器，使进水与回流污泥充分混合。

（三）A/O 除磷

1. 污水中磷的存在形式及含量

城市污水中磷通常以有机磷、磷酸盐或聚磷酸盐的形式存在。根据 Holmers 提出的活性污泥组成的化学式 $C_{118}H_{170}O_5N_7P$，则其 C：N：P 为 46：8：1。如果污水中的营养物质 N、P 维持这个比例，则其 N 和 P 可全部去除。而一般城市污水中的 N 和 P 的浓度往往大于上述这个比例，用于合成的 P 一般只占 15%～20%，所以传统活性污泥法通过微生物细胞合成而去除污水中的磷，一般为 10%～20%。处理后的出水中，90% 左右的磷以磷酸盐形式存在。

典型生活污水中总磷含量在 4～15mg/L；其中有机磷为 35% 左右，无机磷为 65% 左右，我国城市污水中总磷含量为 3～8mg/L 左右。

2. A/O 工艺流程及生物除磷原理

（1）A/O 除磷工艺流程

A/O 工艺由前段厌氧池和后段好氧池串联组成，见图 4-9。

（2）A/O 工艺除磷原理

工艺前段为厌氧池，城市污水和回流污泥进入该池，并借助水下推进式搅

图 4-9　A/O 除磷工艺流程

拌器的作用使其混合。回流污泥中的聚磷菌在厌氧池可吸收去除一部分有机物，同时释放出大量磷。然后混合液流入后段好氧池，污水中的有机物在其中得到氧化分解，同时聚磷菌摄取污水中比在厌氧条件下所释放的更多的磷，然后通过排放高磷剩余污泥而使污水中的磷得到去除。

3. A/O 法的设计要点及运行参数

（1）设计要点

① 在厌氧池中必须严格控制厌氧条件，使其既无分子态氧，也无 NO_3^- 等化合态氧，以保证聚磷菌吸收有机物并释放磷。

好氧池中，要保证 DO 不低于 2mg/L，以供给充足的氧，保持好氧状态，维持微生物菌体对有机物的好氧生化分解，并有效地吸收污水中的磷。

② 污水中的 BOD_5/TP 比值应大于 20～30，否则其除磷效果将下降，聚磷菌对磷的释放和摄取在很大程度上决定于起诱导作用的有机物。

③ 污水中的 COD/TKN≥10，否则 NO_3^--N 浓度必须≤2mg/L，才不会影响除磷效果。

④ 泥龄短对除磷有利，一般 θ_c＝3.5～7d。

⑤ 水温在 5～30℃。

⑥ pH＝6～8。

⑦ BOD 污泥负荷 N_s＞0.1kgBOD$_5$/(kgMLSS・d)

（2）设计参数

如无试验资料时，可采用经验数据，见表 4-23。

（3）计算公式

第一种方法：

① 曝气池容积计算公式：用 A（缺氧）/O 法脱氮法并按厌氧：好氧＝1：(2.5～3)，求定厌氧、好氧段的容积，厌氧段一般取 1h 左右。

② 剩余污泥龄计算公式：同 A/O 脱氮法。

③ 需氧量 O_2(kg/d) 及曝气系统其他计算均与普通活性污泥法相同。

第二种方法：采用劳-麦氏方程式对 A/O 工艺进行计算。

表 4-23 设计参数

项 目	数 值
污泥负荷率 N_s / [kgBOD$_5$/(kgMLSS·d)]	≥1 0.5~0.7
TN 污泥负荷/ [TN/(kgMLSS·d)]	0.05
水力停留时间/h	3~6(A 段 1~2;O 段 2~4) 厌:好=1:(2~3)
污泥龄/d	3.5~7(5~10)
污泥指数 SVI	≤100
污泥回流比/%	40~100
混合液浓度 MLSS/(mg/L)	2000~4000
溶解氧 DO/(mg/L)	A 段≈0,O 段=2

注:( ) 中数据供参考。

4. 设计计算例题

【例 4-11】 城市污水设计流量 $5400 \text{m}^3/\text{h}$,$K_z=1.3$,一级出水 COD=265mg/L,BOD$_5$=180mg/L,SS=130mg/L,TN=25mg/L,TP=5mg/L,要求二级出水达到 BOD$_5$=20mg/L,SS=30mg/L,NH$_4^+$-N=0,TP=1mg/L 的情况下,设计 A/O 除磷曝气池。

【解】 首先判断水质是否可采用 A/O 法:COD/TN=265/25=10.6>10;BOD$_5$/TP=180/5=36>20,可采用 A/O 法。

按劳-麦氏方程式计算。

(1) 设计参数

产率系数:$Y=0.5$,$K_d=0.05$,SVI=70,MLVSS=0.75MLSS,$\theta_c=7\text{d}$

① 计算系统污泥负荷。

$$\text{取 } \theta_c=7\text{d} \quad \frac{1}{\theta_c}=YN_s-K_d \quad (\text{取 } Y=0.5,\ K_d=0.05)$$

得 $\qquad N_s=0.38\text{kgBOD}_5/(\text{kgMLSS}\cdot\text{d})$

② 计算曝气池内活性污泥浓度 X_a。

$$X_a=\frac{\theta_c}{t}\times\frac{Y(S_0-S_c)}{(1+K_d\theta_c)}$$

$$X_a\times V=\theta_c\times Q\times\frac{Y(S_0-S_e)}{(1+K_d\theta_c)}=7\times5400\times24\times\frac{0.5\times(0.18-0.02)}{1+0.05\times7}$$

$$=53760$$

$$X_a = \frac{53760}{V}$$

③ 根据已定 SVI 值，估算可能达到的最大回流污泥浓度。

$$X_{r(\max)} = \frac{10^6}{SVI} \cdot r = \frac{10^6}{70} \times 1 = 14285.0\text{mg/L}$$

$$X_r = 0.75 \times 14285 = 10714\text{mg/L} = 10.71\text{kg/m}^3$$

④ 计算回流比（试算法）。

由 $\dfrac{1}{\theta_c} = \dfrac{Q}{V}\left(1 + R - R\dfrac{X_r}{X_a}\right)$ 得知 $\dfrac{1}{7} = \dfrac{5400 \times 24}{V}\left(1 + R - \dfrac{10.71}{53760}RV\right)$

得 $V = \dfrac{129600(1+R)}{\dfrac{1}{7} + 24.11R} = \dfrac{129600(1+R)}{0.14 + 24.11R}$ 设 $R = 0.4$，得 $V = 18545\text{m}^3$

⑤ 计算 X_a 及停留时间 t。

$$X_a = \frac{53760}{V} = \frac{53760}{18545} = 2.9\text{kg/m}^3 = 2900\text{mg/L} \qquad t = \frac{V}{Q} = \frac{18545}{5400} = 3.43\text{h}$$

⑥ 取 $R = 0.5$，0.6，1.0，重复步骤④、⑤的计算。

计算结果见表 4-24。

表 4-24　计算结果

R	V/m^3	$X_a/(\text{kg/m}^3)$	t/h
0.4	18545	2.9	3.43
0.5	15941	3.4	2.95
0.6	14197	3.8	2.63
1.0	10689	5.0	2.0

(2) 确定曝气池容积

① 曝气池有效容积从上表得出，随 R 的提高，曝气池内混合液浓度也增高，而曝气池容积下降，根据 HRT 的要求，选 $R = 0.4$，则 $V = 18545\text{m}^3$　$t = 3.43\text{h}$

② 曝气池有效水深：$H_1 = 4.2\text{m}$

③ 曝气池总有效面积：$S_\text{总} = \dfrac{V}{H_1} = \dfrac{18545}{4.2} = 4416\text{m}^2$

④ 曝气池分两组，每组有效面积：$S = \dfrac{S_\text{总}}{2} = 2208\text{m}^2$

⑤ 设 5 廊道式曝气池廊道宽为 $b = 8\text{m}$，则单组曝气池池长：

$$L_1 = \frac{S}{5 \times b} = \frac{2208}{40} = 56\text{m}$$

曝气池总长 $L = 5 \times L_1 = 280\text{m}$，则 $L \geqslant (5 \sim 10) b$，符合要求。
$b = (1 \sim 2)H$，$b/H = 8/4 = 2$，符合要求。

⑥ A：O 为 1：2.5，则 A 段停留时间：$t_1 = 0.98\text{h}$ $t_2 = 2.46\text{h}$

（3）剩余污泥量

$$W = a(L_0 - L_r)Q - bVX_V + SQ_r \times 50\%$$

① 降解 BOD 生成污泥量为：

$$W = a(L_0 - L_r)Q = 0.55 \times \frac{180 - 20}{1000} \times \frac{5400 \times 24}{1.3} = 8772.9\text{kg/d}$$

② 内源呼吸分解泥量：

$$X_v = X \cdot f = 2200 \times 0.75 = 1650\text{mg/L} = 1.65\text{kg/m}^3$$

$$W_2 = bVX_v = 0.05 \times 18545 \times 1.65 = 1530\text{kg/d}$$

③ 不可生物降解和惰性悬浮物量（NVSS）。该部分约占总 TSS 的 50%。

$$W_3 = Q(S_0 - S_e) \times 50\% = \frac{5400 \times 24}{1.3} \times \frac{130 - 30}{1000} \times 0.5$$

$$= 99692.3 \times 0.1 \times 0.5 = 4984.62\text{kg/d}$$

④ 剩余污泥量。

$$W = W_1 - W_2 + W_3 = 8772.9 - 1530 + 4984.62 = 12227.52\text{kg/d}$$

每日生成活性污泥量 $X_W = W_1 - W_2 = 8772.9 - 1530 = 7242.9\text{kg/d}$

⑤ 湿污泥量（剩余污泥含水率 $P = 99.2\%$）。

$$Q_s = \frac{W}{(1 - P) \times 1000} = \frac{12227.52}{(1 - 0.992) \times 1000} = 1528.4\text{m}^3/\text{d}$$

（四）厌氧-缺氧-好氧生物脱氮除磷工艺（A²/O 工艺）

1. A²/O 工艺流程

A²/O 工艺设计是厌氧-缺氧-好氧生物脱氮除磷工艺的简称，同时具有脱氮除磷的功能。该工艺在厌氧-好氧除磷工艺中加一缺氧池，将好氧池流出的一部分混合液回流至缺氧池前端，以达到硝化脱氮的目的。

A^2/O工艺流程如图 4-10 所示。

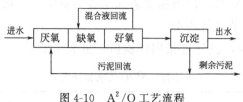

图 4-10 A^2/O 工艺流程

2. A^2/O工艺设计要点及设计参数

（1）设计要点

① 污水中可生物降解有机物对脱氮除磷的影响。厌氧段进水溶解性磷与溶解性 BOD_5 之比应小于 0.06 才会有较好的除磷效果。污水中 COD/TKN>8 时，氮的总去除率可达 80%；COD/TKN<7 时，则不宜采用生物脱氮。

② 污泥龄。在 A^2/O 工艺中泥龄受硝化菌世代时间和除磷工艺两方面影响。权衡两个方面，A^2/O 工艺的污泥龄一般为 15～20d，与法国研究得出的 θ_s 公式相符，该公式为

$$\theta_s = \frac{TKN_{TE} + 1.5}{TKN_{TE}} \times \frac{1 + 1.094^{(45-T)}}{0.126} (d)$$

式中　TKN_{TE}——出水中总凯氏氮（TKN）浓度，mg/L；

　　　　T——污水温度，℃。

③ 溶解氧。好氧段的 DO 应为 2mg/L 左右，太高太低都不利。对于厌氧段和缺氧段，则 DO 越低越好，但由于回流和进水的影响，应保证厌氧段 DO 小于 0.2mg/L，缺氧段 DO 小于 0.5mg/L。

回流污泥提升设备应用潜污泵代替螺旋泵，以减少提升过程中的复氧，使厌氧段和缺氧段的 DO 最低，以利于脱氮除磷。

厌氧段和缺氧段的水下搅拌器功率不能过大（一般为 2W/m³ 的搅拌功率即可），否则会产生涡流，导致混合液 DO 升高，影响脱氮除磷的效果。

原污水和回流污水进入厌氧段和缺氧段时应为淹没入流，以减少复氧。

④ 低浓度的城市污水，采用 A^2/O 工艺时应取消初沉池，使原污水经沉砂池后直接进入厌氧段，以便保持厌氧段中 C/N 比较高，有利于脱氮除磷。

⑤ 硝化的总凯氏氮（TKN）的污泥负荷率应小于 0.05kgTKN/(kgMLSS·d)，反硝化进水溶解性 BOD_5 浓度与硝酸态氮浓度之比应大于 4。

⑥ 沉淀池要防止发生厌氧、缺氧状态，以避免聚磷菌释放磷而降低出水

水质和反硝化产生 N_2 而干扰沉淀。

⑦ 水温 13～18℃时，污染物质去除率较为稳定，一般不宜超过 30℃。

（2）A^2/O 工艺的设计参数

当无试验资料时，设计可采用经验值，见表 4-25。

表 4-25　A^2/O 工艺设计资料

项　目	数　　值
BOD-污泥负荷 N_s/[kgBOD$_5$/(kgMLSS·d)]	0.15～0.2(0.15～0.7)
TN 负荷/[kgTN/(kgMLSS·d)]	<0.05
TP 负荷/[kgTP/(kgMLSS·d)]	0.003～0.006
污泥浓度/(mg/L)	2000～4000(3000～5000)
水力停留时间/h	6～8;厌氧:缺氧:好氧=1:1:(3～4)
污泥回流比/%	25～100
混合液回流比/%	≥200(100～300)
污泥龄 θ_c/d	15～20(20～30)
溶解氧浓度/(mg/L)	好氧段 DO=2mg/L 缺氧段 DO=0.5mg/L 厌氧段 DO=0.2mg/L

注：（　）中数据供参考。

（3）设计计算例题

【例 4-12】　城市污水设计流量 5400m^3/h，$K_z=1.3$，一级出水 COD=265mg/L；BOD$_5$ = 180mg/L（0.18kg/m^3）；SS = 130mg/L（0.13kg/m^3）；TN=25mg/L（0.025kg/m^3）；TP=5mg/L（0.005kg/m^3）；水温，10～20℃。

要求二级出水 BOD$_5$ = 20mg/L，SS=30mg/L，TN<5mg/L，TP<1mg/L；设计 A^2/O 池。

【解】　首先判断是否可采用 A^2/O 法。

COD/TN=265/25=10.24>8　TP/BOD$_5$=5/180=0.028<0.06，符合条件

（1）设计参数

① 水力停留时间 HRT：t=8h。

② BOD 污泥负荷：N_s=0.18kgBOD$_5$/(kgMLSS·d)。

③ 回流污泥浓度：X_r=10000mg/L。

④ 污泥回流比：50%。

⑤ 曝气池混合液浓度：

$$X = \frac{R}{R+1} \times X_r = \frac{0.5}{1+0.5} \times 10000 = 3333\text{mg/L} \approx 3.3\text{kg/m}^3$$

⑥ 求内回流比 R_N

TN 去除率：$\eta_{TN} = \frac{TN_0 - TN_e}{TN_0} = \frac{25-5}{25} \times 100\% = 80\%$

$$R_N = \frac{\eta_{TN}}{1-\eta_{TN}} = \frac{0.8}{1-0.8} \times 100\% = 400\%$$

（2）A^2/O 曝气池容积

① 有效容积：$V = Qt = 5400 \times 8 = 43200\text{m}^3$

② 池有效深度：$H_1 = 4.5\text{m}$

③ 曝气池有效面积：$S_{总} = \frac{V}{H_1} = \frac{43200}{4.5} = 9600\text{m}^2$

④ 分两组，每组有效面积：$S = S_{总}/2 = 4800\text{m}^2$

⑤ 设 5 廊道曝气池，廊宽 8m。

单组曝气池长度：$L_1 = \frac{S}{5 \times b} = \frac{4800}{40} = 120\text{m}$

⑥ 各段停留时间：$\quad A_1 : A_2 : O = 1 : 1 : 4$

厌氧池 $t_1 = 1.33\text{h}$；$t_2 = 1.33\text{h}$；$t_3 = 5.34\text{h}$

（3）剩余污泥量 W

$$W = a(L_0 - L_e)Q - bVX_v + (S_0 - S_e)Q \times 0.5$$

① 降解 BOD 生成污泥量

$$W = a(L_0 - L_e)Q = 0.55 \times \frac{180-20}{1000} \times \frac{5400 \times 24}{1.3} = 8773\text{mg/L}$$

② 内源呼吸分解污泥量

$$X_v = fX = 0.8 \times 2857 = 2285.6\text{mg/L} \approx 2.29\text{mg/m}^3$$

$$W_2 = bVX_v = 0.05 \times 43200 \times 2.29 = 4946.4\text{kg/d}$$

③ 不可生物降解和惰性悬浮物量（NVSS）。

该部分占总 TSS 的约 50%。

$$W_3 = (S_0 - S_e)Q \times 50\% = \frac{(130-30)}{1000} \times \frac{5400 \times 24}{K_z} \times 0.5 = 4984.62 \text{kg/d}$$

④ 剩余污泥量为 $W = W_1 - W_2 + W_3 = 8773 - 4946.4 + 4984.6 = 8811.2 \text{kg/d}$

每日生成的活性污泥量：$X_w = W_1 - W_2 = 8773 - 4946.4 = 3826.6 \text{kg/d}$

⑤ 湿污泥量。

污泥含水率：$P = 99.2\%$

$$Q_s = \frac{W}{1000(1-P)} = \frac{8811.2}{(1-0.992) \times 100} = 1101.4 \text{m}^3/\text{d} \approx 45.9 \text{m}^3/\text{h}$$

⑥ 污泥龄：$\theta_c = \frac{VX}{X} = \frac{3.3 \times 43200}{8811.2} = 16.2 \text{d}$（符合 15~20d）

（4）需氧量计算

A^2/O 法需要量计算同 A/O 脱氮法，此处从略。

曝气系统其他部分计算方法与普通活性污泥法相同。

（五）氧化沟

1. 工艺流程及工艺特点

（1）工艺流程

氧化沟又称为"循环曝气池"，污水和活性污泥的混合液在环状曝气渠道中循环流动，属于活性污泥法的一种变形，氧化沟的水力停留时间可达 10~30h，污泥龄 20~30d，有机负荷很低（0.05~0.15kgBOD$_5$/kgMLSS·d），实质上相当于延时曝气活性污泥系统。

氧化沟的基本工艺流程如图 4-11 所示。

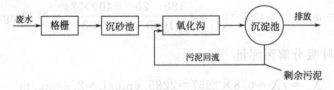

图 4-11 氧化沟工艺流程

氧化沟出水水质好，一般情况下，BOD$_5$ 去除率可达 95%~99%，脱氮率达 90% 左右，除磷效率达 50% 左右，如在处理过程中，适量投加铁盐，则除磷效率可达95％。一般的出水水质为 $BOD_5 = 0 \sim 15mg/L$；$SS = 10 \sim 20mg/L$；$P < 1mg/L$；$NH_4^+\text{-}N = 1 \sim 3mg/L$。运行费用较常规活性污泥法低30％～50％，基建费用较常规活性污泥法低40％～60％。

（2）氧化沟的类型

氧化沟的有基本型、卡鲁塞尔式氧化沟、三沟式氧化沟、奥巴勒型氧化沟、曝气-沉淀一体化氧化沟和侧渠形氧化沟等常用类型。

（3）氧化沟工艺设施（备）及构造

氧化沟工艺设施（备）由氧化沟沟体、曝气设备、进出口设施、系统设施等组成。

① 沟体。主要分两种布置形式，即单沟式和多沟式氧化沟。一般呈环状沟渠形，也可呈长方形、椭圆形、马蹄形、同心圆形、平行多渠道和以侧渠作二沉池的合建形等。其四周池壁可用钢筋混凝土建造，也可以原土挖沟，衬塑混凝土或三合土砌成。

② 曝气设备。它具有供氧、充分混合、推动混合液不停地循环流动和防止活性污泥沉淀的功能，常用的有水平轴曝气转刷（或转盘）和垂直表面曝气器，均有定型产品。

③ 进出水位置。污水和回流污泥流入氧化沟的位置应与沟内混合液流出位置分开，其中污水流入位置应设在缺氧区的始端附近，以使硝化反应利用其污水中的碳源。回流污泥流入位置应设在曝气设备后面的好氧部位，以防止沉淀池污泥厌氧，确保处理水中的溶解氧。

④ 配水井。两个以上氧化沟并行工作时，应设配水井以保证均匀配水。三沟式氧化沟则应在进水配水井内设自动控制闸门，按原设计好的程序用定时器自动启闭各自的进水孔，以变换氧化沟内的水流方向。

⑤ 出水堰。氧化沟的出水处应设出水堰，该溢流堰应设计成可升降的，从而起着调节沟内水深的作用。

⑥ 导流墙。为保持氧化沟内具有不淤流速，减少水头损失，需在氧化沟转折处设置薄壁结构导流墙，使水流平稳转弯，维持一定流速。

⑦ 溶解氧探头。为经济有效地运行，在氧化沟内好氧区和缺氧区应分别设置溶解氧探头，以在好氧区内维持 $> 2mg/L$ 的 DO，在缺氧区内维持 $< 0.5mg/L$ 的 DO。

2. 氧化沟的设计要点及设计参数。

（1）设计要点

① 目前采用的氧化沟的形式通常为卡鲁塞尔式和三沟式，并按推流式普通活性污泥法计算。

② 污泥龄（t_s）根据去除对象不同而不同：

a. 只要求去除 BOD_5 时，t_s 采用 5～8d；污泥产率系数 Y 为 0.6；

b. 要求有机碳氧化和氨的硝化时，t_s 取 10～20d，污泥产率系数 $Y=$ 0.5～0.55；

c. 要求去除 BOD_5 加脱氮时，$t_s=30d$，$Y=0.48$。

③ 采用转刷曝气器时，氧化沟水深为 2.5～3m；采用曝气转盘曝气时，氧化沟水深为 3.5m；采用垂直轴表面曝气器时，氧化沟水深为 4～4.5m；垂直轴表面曝气器一般安装在弯道上。

④ 需氧量计算与 A/O 法相同，式中 a'、b'、c' 数值分别为 1.47、4.6、1.42。把需氧量 O_2 转换在标准状态下的曝气转刷的供氧量 R_0。然后根据曝气转刷的充氧能力（$kg\ O_2/h$）确定其台数，最后进行布置，并校核在具体设计的运行方式时，其供氧量是否大于需氧量 O_2 的要求。

（2）设计参数

设计参数见表 4-26。

表 4-26　设计参数

项　目	数　值
污泥负荷率 N_s/［kgBOD$_5$/（kgMLSS·d）］	0.05～0.08
水力停留时间 T/h	≥16
污泥龄 t_s/d	去除 BOD_5 时，5～8；去除 BOD_5 并硝化时，10～20；去除 BOD_5 并反硝化时，30
污泥回流比 R/%	50～100
污泥浓度 X/（mg/L）	2000～5000

3. 计算公式

计算公式见表 4-27。

表 4-27　计算公式

项　目	公式或方法	符　号　说　明
氧化沟容积 V/m³	$V=\dfrac{YQ'(L_0-L_e)t_s}{X}$	L_0、L_e——进、出水 BOD_5 浓度，mg/L； Y——静污泥产率系数，kgMLSS/kgBOD$_5$，Y 与泥龄的关系如图 4-12 所示，可供设计时参考
需氧量/（kg/h）	用 A/O 法	$a'=1.47$；$b'=4.6$；$c'=1.42$

项　　目	公式或方法	符　号　说　明
剩余污泥量 W_x/(kg/d)	$W_x = \dfrac{Y'QL_r}{1+K_d t_s}$	Q——污水平均日流量，m^3/d； $L_r = L_0 - L_e$，去除的 BOD_5 浓度，mg/L； t_s——污泥龄； K_d——污泥自身氧化率，d^{-1}，对于城市污水一般为 $0.1d^{-1}$
曝气时间 t/h	$t = \dfrac{24V}{Q'}$	Q'——污水设计流量，m^3/d
污泥回流比 R/%	$R = \dfrac{X}{X_R - X} \times 100\%$	X——氧化沟中混合液污泥浓度，mg/L； X_R——二沉池底流污泥浓度，mg/L
污泥负荷率 N_s/〔$kgBOD_5$/（kgMLSS·d）〕	$N_s = \dfrac{Q'(L_0 - L_e)}{VX_V}$	X_V——MLVSS，mg/L

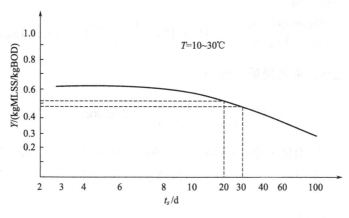

图 4-12　Y 与泥龄的关系

4. 设计计算例题

【例 4-13】　城市污水设计流量 1.3×10^5 m^3/d；$K_z = 1.3$；进水水质：
$COD = 225mg/L$；$BOD_5 = 130mg/L$；$SS = 150mg/L$；$NH_3\text{-}N = 22mg/L$；
$TN = 38mg/L$；$TP = 9.7mg/L$。设计三沟式氧化沟，要求脱氮、出水 $BOD_5 = 15mg/L$；$SS = 20mg/L$；$NH_3\text{-}N = 3mg/L$；$TN = 6mg/L$。

【解】

（1）设计参数

污泥龄：$t_s = 15d$；污泥浓度：4000mg/L。

（2）氧化沟总容积（V）计算

① 碳氧化、氮硝化区容积 V_1 计算：

Y 查图，t_s＝15d 时，Y＝0.56，则：

$$V_1 = \frac{YQL_r t_s}{X} = \frac{0.56 \times 130000 \times (130-15) \times 15}{1.3 \times 4000} = 24150 \text{m}^3$$

② 反硝化区容积 V_2。

a. 反硝化区脱氮量 W 计算（kgN/d）：

[W 应等于进水总氮量－（随剩余污泥排放的氮量＋随水带走的氮量）]

$$W = Q(N_0 - N_e) - 0.124YQL_r$$

式中　Q——污水平均日流量，m^3/d；

N_0，N_e——进、出水中总氮浓度；

0.124——微生物细胞分子式 $C_5H_7NO_2$ 中氮占 12.4%；

其余符号意义同前。

$$W = \frac{130000}{1.3} \left(\frac{38-6}{1000} - 0.56 \times 0.124 \times \frac{130-15}{1000} \right) = 2401.44 \text{kg/d}$$

b. 反硝化区所需污泥量 G(kg)：

$$G = \frac{W}{V_{DN}} = \frac{2401.44}{0.026} = 92363 \text{kg}$$

式中　V_{DN}——反硝化速率，$\text{kgNO}_3^- \text{-N}/(\text{kgMLSS} \cdot \text{d})$，在水温 8℃时，氧化沟中 X＝4000mg/L 时，V_{DN}＝0.026kg $\text{NO}_3^-\text{-N}/(\text{kgMLSS} \cdot \text{d})$。

c. 反硝化区容积 V_2：

$$V_2 = G/X = 92363/4 = 23090.8 \approx 23901 \text{m}^3$$

d. 澄清沉淀区容积：

三沟式氧化沟二条边沟是轮换作澄清沉淀用的。

e. 氧化沟总容积 V：

$$V = \frac{V_1 + V_2}{K} = \frac{24150 + 23091}{0.55} = 85893 \text{m}^3$$

K 为具有活性作用的污泥占总污泥量的比例，K＝0.55（假设在沉淀过程中活性污泥无活性）。氧化沟分两组，则每组三沟式氧化沟容积为 $V/2$

$$V' = V/2 = 42946.5 \text{m}^3$$

氧化沟水深取 $H=3m$，则每组氧化沟平面面积为 $S_1=V'/H=14316m^2$

三沟中的每条沟的平面面积 $S_{11}=S_1/3=14316/3=4771.8m^2$

取氧化沟为矩形断面，且单沟宽 $B=6m$，则单沟长 $L_1=S_{11}/B=795.3=796m$

（3）剩余污泥量计算

$$W_x=\frac{YQL_r}{1+K_dt_s}=\frac{0.56\times130000\times(130-15)/1000}{1.3\times(1+0.05\times15)}=3680.32kg/d$$

湿泥量：$Q_s=\frac{W_x}{(1-P)\times1000}=\frac{3680.32}{(1-0.992)\times1000}=460m^3/d=19.17m^3/h$

校核：曝气时间最小时，

$$t=24V/Q=24\times85893/130000=15.9h=16h（符合要求）$$

污泥负荷：$N_s=\frac{Q(L_0-L_e)}{VX_V}=\frac{130000\times(130-15)}{85893\times4000\times0.75}=0.058BOD_5/(kgMLSS\cdot d)$

符合要求。

（4）需氧量计算

计算公式同 A/O 法，参数不同的见氧化沟计算公式表；

供氧量 R_0 的计算与传统活性污泥法相同；

根据曝气转刷的充氧能力（kgO_2/h）来确定其台数，最后进行布置，并校核氧量是否大于需氧量；

计算每条沟的曝气转刷输入能量，当输入能量大于 $3\sim5W/m^3$ 时，即能满足混合要求，以保证池内污泥不沉积，为安全起见，设计为 $10W/m^3$。再按混合功率复算其曝气转刷的台数。

（5）澄清区沉淀池出水堰设计

① 复算沉淀的水力停留时间，应按最大流量和平均日流量计算。

② 复算澄清沉淀池出水堰负荷，应按最大流量和平均日流量分别进行计算。一般计算出的出水堰负荷大于室外排水设计规范 $1.7L/(s\cdot m)$，这对运行无影响。

（六）间歇式活性污泥法（SBR）

1. 工艺原理及工艺流程

间歇式活性污泥法（SBR）又称序批式活性污泥法。其污水处理机理与活性污泥法相同。SBR 活性污泥法是在单一的反应器内，按时间顺序进行进水、反应（曝气）、沉淀、出水、待机（闲置）等基本操作，从污水的流入开始到待机时间结束为一个周期操作，这种周期周而复始，从而达到污水处理的目的。

（1）工艺流程

SBR 活性污泥法的工艺流程如图 4-13 所示。

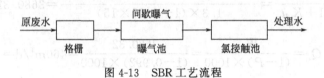

图 4-13　SBR 工艺流程

（2）SBR 的工作原理

① 污水流入程序。污水流入曝气池前，该池处于操作周期的待机（闲置）工序，此时沉淀后的清液已排放，曝气池内留有沉淀下来的活性污泥。污水流入的方式有单纯注水、曝气、缓速搅拌等三种，至于选用哪一种方式则根据设计要求而选定。

　　a.单纯注水：污水流入，当注满后再进行曝气操作，则曝气池能有效地调节污水的水质和水量。

　　b.曝气：当污水流入的同时曝气，则可使曝气池内的污泥再生和恢复活性，并对污水起预曝气的作用。

　　c.缓速搅拌：当污水流入的同时不进行曝气，而是进行缓速搅拌使之处于缺氧-厌氧状态，则可对污水进行脱氮与聚磷菌释放磷。

污水流入时间短对工艺效果有利。

② 曝气反应工序。当污水注满后即开始曝气操作，它是最重要的一道工序，如要求去除 BOD、硝化和磷的吸收则需要曝气，如要反硝化则应停止曝气而进行缓速搅拌。

③ 沉淀工序。使混合液处于静止状态，进行泥水分离，沉淀时间一般为 1～1.5h，沉淀效果良好。

④ 排水工序。排除曝气池沉淀后的上清液，留下活性污泥，作为下一个周期的菌种。

⑤ 待机（闲置）工序。曝气池处于空闲状态，等待下一个周期的开始。

2. SBR 活性污泥法的设计要点与设计参数

（1）设计要点

① SBR 法主要适用于小规模处理厂。

② SBR 法的工艺设施是由曝气装置、上清液排出装置以及其他附属设备组成的单一反应池。原则上不设调节池，为适应流量的变化，反应池的容积应留有余量或采用设定运行周期等方法，但是对于流量变化很大的场合，应根据维护管理和经济条件，考虑设置流量调节池。

③ 反应池的数量原则上为 2 个以上，但水量的规模较小设 2 个以上不甚经济时（小于 $500m^3/d$）或者投产初期污水量较少时，也可建 1 个池。使用单个池运行时，原则上应采用低负荷连续进水的方式。

④ 反应池的形式有完全混合型和循环水渠型。对于完全混合型，水深约为 $4\sim6m$，池宽与池长之比大约为 $(1:1)\sim(1:2)$，结构以钢筋混凝土建造为准；对于循环水渠型则以氧化沟的设计为准。

⑤ 曝气装置应具备不宜堵塞、能供给需氧量和对混合液进行充分搅拌的性能。曝气装置用于完全混合式时，可采用水下机械搅拌式、气液混合喷射式、螺杆式等；用于循环水渠时，可采用卧轴式、立轴式、螺杆式、轴流泵式、气液混合射流式等形式。

⑥ 上清液排除装置应能在设定的排除时间内活性污泥不发生上浮的情况下排除上清液。排出方式有重力排出和水泵排出。为预防上清液排除装置故障，应设置备用的排出装置，在上清液排除装置中，应设有防止浮渣上浮的结构。

⑦ 考虑曝气装置或污泥泵的阻塞而产生事故，在反应池前加格栅截除较大的杂质。

⑧ SBR 反应池内易聚积浮渣，故应考虑能去除浮渣的结构。可在曝气工序结束前 $5\sim10min$ 喷洒消泡剂，使浮渣沉淀，还可采用撇渣机和浮子泵等强制性捕集浮渣的方法。

⑨ 加氯接触池的容量应保证对上清液排出期内的设定排水量有 15min 以上的接触时间。

⑩ 排泥泵应采用杂物难以阻塞的形式，泵的台数，包括备用在原则上为 2 台以上，反应池底部设集泥坑，坑的位置尽量远离进水口。

（2）设计参数

SBR 活性污泥法的设计参数，应考虑处理厂的地域特性和设计条件（用地面积、维护管理、处理水质要求等），适当地确定。

表 4-28 中所列设计参数可供参考。

表 4-28 设计参数

有机物负荷条件	高负荷运行	低负荷运行
	间歇进水	间歇进水·连续进水
BOD-污泥负荷/[kgBOD/(kgMLSS·d)]	0.1~0.4	0.03~0.1
MLSS/(mg/L)	1500~5000	
周期数	大(3~4)	小(2~3)
排除比/(1/m)	(1/4~1/2)	小(1/6~1/3)
安全高度 ε/cm(活性污泥界面以上最小水深)	50 以上	
需氧量/(kgO₂/kgBOD)	0.5~1.5	1.5~2.5
污泥产量/(kgMLSS/kgSS)	约 1	约 0.75

（3）设计公式

设计公式见表 4-29。

表 4-29 计算公式

名　称	公　式	符　号　说　明
BOD-污泥负荷/(kgBOD/kgMLSS·d)	$L_s = \dfrac{Q_s \cdot C_s}{e \cdot C_A \cdot V}$	Q_s——污水进水量，m^3/d； C_s——进水的平均 BOD_5，mg/L； C_A——曝气池内 MLSS 浓度，mg/L； V——曝气池容积，m^3； e——曝气时间比 $e = n \cdot T_A/24$； n——周期数，周期/d； T_A——一个周期的曝气时间，h
曝气时间/h	$T_A = \dfrac{24 \cdot C_s}{L_s \cdot m \cdot C_A}$	L_s——BOD-污泥负荷，kgBOD/(kgMLSS·d)； $1/m$——排出比
沉淀时间/h	$T_s = \dfrac{H \cdot (1/m) + \varepsilon}{V_{max}}$	H——反应池内水深，m； ε——安全高度，m； V_{max}——活性污泥界面的初期沉降速度，m/h； $V_{max} = 7.4 \cdot 10^4 \cdot t \cdot C_A^{-1.7}$ (MLSS≤3000mg/L)； $V_{max} = 4.6 \cdot 10^4 \cdot t \cdot C_A^{-1.26}$ (MLSS>3000mg/L)； t——水温，℃
一个周期所需时间/h	$T_c \geq T_A + T_s + T_D$	T_D——排水时间，h
周期数	$n = 24/T_c$	
反应池容量/m^3	$V = \dfrac{m}{n \cdot N} \cdot Q_s$	N——池的个数

名 称	公 式	符 号 说 明
超过反应池容量的污水进水量/m³	$\Delta Q = \dfrac{r-1}{m} \cdot V$	r——一个周期的最大进水量变化比(变化系数)
反应池的必需安全容量/m³	安全量留在高度方向时 $\Delta V = \Delta Q - \Delta Q'$ 安全量留在宽度方向时 $\Delta V = m(\Delta Q - \Delta Q')$	$\Delta Q'$——在沉淀和排水期中可接纳的污水量,m³
修正后的反应池容量/m³	$V' = V(\Delta V \leqslant 0$ 时) $V' = V + \Delta V(\Delta V > 0$ 时)	
曝气装置的供氧能力/(kg/h)	$R_0 = \dfrac{O_D \cdot C_{SW}}{1.024^{(T_1-T_2)} \times \alpha(\beta C_s - C_A)} \times \dfrac{760}{P}$	O_D——每小时需氧量,kg/h; C_{SW}——清水 T_1(℃)的氧饱和浓度,mg/L; C_s——清水 T_2(℃)的氧饱和浓度,mg/L; T_1——以曝气装置的性能为基点的清水温度,℃; T_2——混合液的水温,℃; C_A——混合液的DO,mg/L; α——K_{La} 的修正系数,高负荷法为0.83,低负荷法为0.93; β——氧饱和温度的修正系数,高负荷法为0.95,低负荷法为0.97; P——处理厂的大气压,mmHg绝对大气压

3. 设计计算例题

【例 4-14】 高负荷间歇进水

已知:污水进水量(设计最大日)为 4000m³/d,进水 BOD=200mg/L,水温为 10～20℃,处理水质 BOD=20mg/L。

(1)参数拟定

BOD-污泥负荷 $L_s = 0.25$kgBOD/(kgMLSS·d),反应池数 $N=2$,反应池水深 $H=5$m,排出比 $1/m=1/2.5$,活性污泥界面以上最小水深 $\varepsilon=0.5$m,MLSS 浓度 $C_A = 2000$mg/L。

(2)反应池运行周期各工序时间计算

① 曝气时间:$T_A = \dfrac{24 \times C_s}{L_s \cdot m \cdot C_A} = \dfrac{24 \times 200}{0.25 \times 2.5 \times 2000} = 3.8$h

② 沉降时间:

初期沉降速度:$V_{max} = 7.4 \times 10^4 \times t \times C_A^{-1.7}$

水温 10℃ 时：$V_{max}=7.4\times10^{4}\times10\times2000^{-1.7}=1.8m/h$

水温 20℃ 时：$V_{max}=7.4\times10^{4}\times20\times2000^{-1.7}=3.6m/h$

因此，必要的沉降时间为：

水温 10℃ 时：$T_s=\dfrac{H\cdot(1/m)+\varepsilon}{V_{max}}=\dfrac{5\times(1/2.5)+0.5}{1.8}=1.4h$

水温 20℃ 时：$T_s=\dfrac{H\cdot(1/m)+\varepsilon}{V_{max}}=\dfrac{5\times(1/2.5)+0.5}{3.6}=0.7h$

③ 排出时间：

沉淀时间在 0.7～1.4h 之间变化，排出时间 2h 左右，与沉淀时间合计 3h。

④ 一个周期所需要的时间为：$T_c\geqslant T_A+T_s+T_D=3.8+3=6.8h$

所以周期次数 n 为 $n=24/6.8=3.5$，n 以 3 计，则每个周期为 8h。

⑤ 进水时间：$T_F=T_c/N=8/2=4h$

根据以上结果，1 个周期的工作过程如图 4-14 所示。

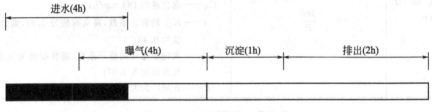

图 4-14　1 个周期的工作过程

（3）反应池容积计算

① 反应池容量：$V=\dfrac{m}{n\cdot N}\cdot Q_s=\dfrac{2.5}{3\times2}\times4000=1667m^3$

② 进水变动的讨论：

根据进水时间为 4h/周期（2 池 3 周期的场合）和进水流量模式，一个周期的最大进水量变化比为 $r=1.5$。

超过一周期污水进水量 ΔQ 与 V 的对比

$$\Delta Q/V=(r-1)/m=(1.5-1)/2.5=0.2$$

如其他反应池尚未接纳容量，考虑流量之变动，各反应池的修正容量为

$$V'=V(1+\Delta Q/V)=1677\times(1+0.2)=2000m^3$$

反应池水深 5m，则必要的水面积为 $2000\div5=400m^2$

此外，在沉淀排出工艺中可能接受污水进水量 V 的 10%，则反应池的必要安全容量为 $\Delta V = \Delta Q - \Delta Q' = (0.2 - 0.1) \times 1667 = 167 \text{m}^3$

$$V' = V + \Delta V = 1667 + 167 = 1834 \text{m}^3$$

反应池水深 5m，则必要的水面积为 $1834 \div 5 = 367 \text{m}^2$

反应池的设计运行水位如图 4-15 所示。

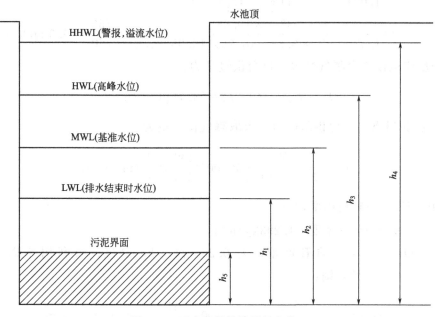

图 4-15　反应池的设计运行水位

排水结束时水位 $h_1 = 5 \times \dfrac{1}{1.2(1.1)} \times \dfrac{2.5-1}{2.5} = 2.5 \text{m}(2.73\text{m})$

基准水位 $h_2 = 5 \times \dfrac{1}{1.2(1.1)} = 4.17 \text{m}$　高峰水位 $h_3 = 5 \text{m}$

警报，溢流水位 $h_4 = 5.0 + 0.5 = 5.5 \text{m}$

污泥界面：$h_s = h_1 - 0.5 = 2.5 - 0.5 = 2.0 \text{m}$

注：（　）内数字为在排出阶段可能进水量为 V 的 10% 的情况

（4）需氧量计算

① 需氧量。需氧量以 1kgBOD 需要 1kgO$_2$ 计：

$$O_D = 4000 \times 200 \times 10^{-3} \times 1.0 = 800 \text{kgO}_2/\text{d}$$

每池每周所需氧量：$O'_D = 800/(3 \times 2) = 133 \text{kgO}_2/\text{周期}$

但是以曝气时间 4h 计，每小时所需的氧量为 $O''_D = 133/4 = 33.3 \text{kgO}_2/\text{h}$

② 曝气装置。

a. 为水下机械曝气，求所需能力。此处，混合液水温为20℃，混合液 DO 为 1.5mg/L，池水深 5m。

根据需氧量，污水温度以及大气压力进行换算，供氧能力为：

$$R_0 = \frac{O_D \cdot C_{SW}}{1.024^{(T_2-T_1)} \cdot \alpha(\beta C_s - C_A)} \cdot \frac{760}{P}$$

$$= \frac{33.3 \times 10.98}{1.024^{(20-20)} \times 0.83 \times (0.95 \times 10.98 - 1.5)} \times \frac{760}{760} = 49.3 \text{kgO}_2/h$$

1 个反应池设 2 台曝气装置，每台供氧量为：

$$O_r = R_0/2 = 49.3/2 = 24.7 \text{kgO}_2/(\text{h} \cdot \text{台})$$

b. 鼓风曝气。由供氧能力，求取曝气供气量为：

$$G_s = \frac{R_0}{E_A \cdot \rho \cdot O_W} \times 100 \times \frac{293}{273} \times \frac{1}{60} (\text{m}^3/\text{min})$$

式中　E_A——氧利用率，%；

　　　ρ——空气密度，1.293kg/m³；

　　　O_W——空气的氧重量，为 0.233kgO₂/kg 空气；氧利用率以 18% 计，则：

$$G_S = \frac{49.3}{18 \times 1.293 \times 0.233} \times 100 \times \frac{293}{273} \times \frac{1}{60} = 16.3 \text{m}^3/\text{min}$$

2 池合用 1 台鼓风机，交替使用。此外，另设备用鼓风机 1 台。1 台的空气曝气量为 $G = G_S/1 = 16.3/1 = 16.3 \text{m}^3/\text{min}$

（5）上清液排出装置

① 污水进水量 $Q_s = 4000 \text{m}^3/\text{d}$，池数 $N=2$，周期数 $n=3$，每一池的排出负荷为：

$$Q_D = \frac{Q_s}{N \cdot n \cdot T_D} = \frac{4000}{2 \times 3 \times 2} \times \frac{1}{60} = 5.6 \text{m}^3/\text{min}$$

② 1 池设 2 台排出装置，则每台排出装置的负荷量为：

$$Q' = Q_D/2 = 5.6/2 = 2.8 \text{m}^3/\text{min}$$

③ 排出装置的排水能力在最大流量比（$r=1.5$）时，能够排出，所以排出能力为：

$$2.8 \times 1.5 = 4.2 \mathrm{m^3/min}$$

（6）氯接触池

接触时间为 15min，其容积为 $5.6 \times 15 = 84 \mathrm{m^3}$ （其他设计从略）

【例 4-15】 低负荷间歇进水

已知：污水进水量（设计最大日）为 $1000 \mathrm{m^3/d}$，进水 BOD＝200mg/L，水温为 10～20℃，处理水质 BOD＝20mg/L，除氮率为 70%。

（1）参数设定

BOD-污泥负荷 $L_s = 0.08 \mathrm{kgBOD/(kgMLSS \cdot d)}$，反应池数 $N = 2$，反应池水深 $H = 5 \mathrm{m}$，排出比 $1/m = 1/4$，活性污泥界面以上最小水深 $\varepsilon = 0.5 \mathrm{m}$，MLSS 浓度 $C_A = 4000 \mathrm{mg/L}$。

（2）反应池运行周期各工序时间计算

① 曝气时间：

$$T_A = \frac{24 \times C_s}{L_s \cdot m \cdot C_A} = \frac{24 \times 200}{0.08 \times 4 \times 4000} = 3.8 \mathrm{h}$$

② 沉降时间

初期沉降速度：$V_{max} = 4.6 \times 10^4 \times C_A^{-1.26} = 4.6 \times 10^4 \times 4000^{-1.26} = 1.3 \mathrm{m/h}$

因此，必要的沉降时间为：

$$T_s = \frac{H \cdot (1/m) + \varepsilon}{V_{max}} = \frac{5 \times (1/4) + 0.5}{1.3} = 1.3 \mathrm{h}$$

③ 排出时间：

排出时间 2h 与沉淀时间合计 3.0h 左右。

④ 一个周期所需要的时间为：$T_c \geqslant T_A + T_s + T_D = 3.8 + 3 = 6.8 \mathrm{h}$

所以周期次数 n 为 $n = 24/6.8 = 3.5$，n 以 3 计，则每个周期为 8h。

⑤ 进水时间 $T_F = T_c/N = 8/2 = 4 \mathrm{h}$

根据以上结果，1 个周期的工作过程如图 4-16 所示。

（3）反应池容积计算

① 反应池容量：$V = \dfrac{m}{n \cdot N} \cdot Q_s = \dfrac{4}{3 \times 2} \times 1000 = 667 \mathrm{m^3}$

② 进水变动的讨论：

根据进水时间为 4h/周期（2 池 3 周期的场合）和进水流量模式，一个周期的最大进水量变化比为 $r = 1.5$。超过一周期污水进水量 ΔQ 与 V 的对比：

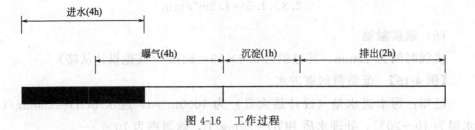

图 4-16 工作过程

$$\Delta Q/V=(r-1)/m=(1.5-1)/4=0.125$$

考虑到流量的变动,各反应池的修正容量 V' 为:

$$V'=V(1+\Delta Q/V)=677\times(1+0.125)=750\text{m}^3$$

反应池水深 5m,则必要的水面积为 $750\div5=150\text{m}^2$

此外,在沉淀排出工艺中可能接受污水进水量 V 的 10%,则反应池的必要安全容量为 $\Delta V=\Delta Q-\Delta Q'=(0.125-0.1)\times667=17\text{m}^3$

$$V'=V+\Delta V=667+17=684\text{m}^3$$

反应池水深 5m,则必要的水面积为 $684\div5=137\text{m}^2$

反应池的设计运行水位如图 4-15 所示。

排水结束时水位 $h_1=5\times\dfrac{1}{1.125(1.025)}\times\dfrac{4-1}{4}=3.33\text{m}(3.66\text{m})$

基准水位 $h_2=5\times\dfrac{1}{1.125(1.025)}=4.44\text{m}(4.88\text{m})$ 高峰水位 $h_3=5\text{m}$

警报,溢流水位 $h_4=5.0+0.5=5.5\text{m}$

污泥界面:$h_s=h_1-0.5=3.33-0.5=2.83\text{m}$

注:( )内数字为在排出阶段可能进水量为 V 的 10% 的情况。

(4)需氧量计算

① 需氧量

需氧量以 1kgBOD 需要 2kgO₂ 计:$O_D=1000\times200\times10^{-3}\times2.0=400\text{kgO}_2/\text{d}$

每池每周所需氧量 $O_D'=400/(3\times2)=67\text{kgO}_2/$ 周期

但是以曝气时间 4h 计,每小时所需的氧量为 $O_D''=67/4=16.7\text{kgO}_2/\text{h}$

② 曝气装置

a. 为水下机械曝气,求所需能力。此处,混合液水温为 20℃,混合液 DO 为 1.5mg/L,池水深 5m。

根据需氧量，污水温度以及大气压力进行换算，供氧能力为

$$R_0 = \frac{O_D \cdot C_{SW}}{1.024^{(T_2 - T_1)} \cdot \alpha(\beta C_s - C_A)} \times \frac{760}{P}$$

$$= \frac{16.7 \times 10.98}{1.024^{(20-20)} \times 0.93 \times (0.97 \times 10.98 - 1.5)} \times \frac{760}{760} = 21.5 \text{kgO}_2/\text{h}$$

1个反应池设2台曝气装置，每台供氧能力为：

$$O_r = R_0/2 = 21.5/2 = 10.8 \, [\text{kgO}_2/(\text{h} \cdot \text{台})] \quad （以上）$$

b. 鼓风曝气。由供氧能力，求取曝气供气量为：

$$G_s = \frac{R_0}{E_A \cdot \rho \cdot O_w} \times 100 \times \frac{293}{273} \times \frac{1}{60} (\text{m}^3/\text{min})$$

式中　　E_A——氧利用率，%；

ρ——空气密度，为 1.293kg/m^3；

O_W——空气的氧重量，为 $0.233\text{kgO}_2/\text{kg}$ 空气；氧利用率以 18%
计，则：

$$G_s = \frac{21.5}{18 \times 1.293 \times 0.233} \times 100 \times \frac{293}{273} \times \frac{1}{60} = 7.1 \text{m}^3/\text{min}$$

2池合用1台鼓风机。此外，另设备用鼓风机1台。1台的空气曝气量为

$$G = G_s/1 = 7.1/1 = 7.1 \text{m}^3/\text{min}$$

（5）上清液排出装置

污水进水量 $Q_s = 1000\text{m}^3/\text{d}$，池数 $N = 2$，周期数 $n = 3$，每一池的排出负
荷量为：

$$Q_D = \frac{Q_s}{N \cdot n \cdot T_D} = \frac{1000}{2 \times 3 \times 2} \times \frac{1}{60} = 1.4 \text{m}^3/\text{min}$$

每池设1台排出装置，则每台排出装置的负荷量为：

$$Q' = Q_D/1 = 1.4/1 = 1.4 \text{m}^3/\text{min}$$

排出装置的排水能力在最大流量比（$r = 1.5$）时，能够排出，所以排出能
力为：

$$1.4 \times 1.5 = 2.1 \text{m}^3/\text{min}$$

（6）氯接触池

接触时间为 15min，其容积为 $1.4 \times 15 = 21 m^3$（其他设计从略）

【例 4-16】 低负荷连续进水方式

已知：污水进水量（设计最大日）为 $500 m^3/d$，进水 BOD = 200mg/L，水温为 10~20℃，处理水质 BOD = 20mg/L，除氮率为 70%。

(1) 参数设定

BOD-污泥负荷 $L_s = 0.07 kgBOD/(kgMLSS \cdot d)$，反应池数 $N = 1$，反应池水深 $H = 5m$，排出比 $1/m = 1/4$，活性污泥界面以上最小水深 $\varepsilon = 0.5m$，MLSS 浓度 $C_A = 4000mg/L$。

(2) 反应池运行周期各工序时间计算

① 曝气时间：

$$T_A = \frac{24 \times C_s}{L_s \cdot m \cdot C_A} = \frac{24 \times 200}{0.07 \times 4 \times 4000} = 4.3h$$

② 沉降时间

初期沉降速度：$V_{max} = 4.6 \times 10^4 \times C_A^{-1.26} = 4.6 \times 10^4 \times 4000^{-1.26} = 1.3m/h$

因此，必要的沉降时间为：

$$T_s = \frac{H \cdot (1/m) + \varepsilon}{V_{max}} = \frac{5 \times (1/4) + 0.5}{1.3} = 1.3h$$

③ 排出时间

排出时间 2h 与沉淀时间合计 3.5h 左右。

④ 一个周期所需要的时间为：$T_c \geqslant T_A + T_s + T_D = 4.3 + 3.5 = 7.8h$

所以周期次数 n 为 $n = 24/7.8 \approx 3.0$，n 以 3 计，则每个周期为 8h。

⑤ 进水时间：$T_F = T_c/N = 8/2 = 4h$

根据以上结果，1 个周期的工作过程如图 4-17 所示。

图 4-17 工作过程

(3) 反应池容积计算

① 反应池容量：$V = \frac{m}{n \cdot N} \cdot Q_s = \frac{4}{3 \times 1} \times 500 = 667 m^3$

② 进水变动的讨论

根据进水时间为 8h 和进水量变动模式，一个周期的最大进水量变化比为 $r=1.5$。超过一周期污水进水量 ΔQ 与 V 的对比：

$$\Delta Q / V = (r-1)/m = (1.5-1)/4 = 0.125$$

考虑到流量的变动，各反应池的修正容量 V' 为：

$$V' = V(1 + \Delta Q / V) = 677 \times (1 + 0.125) = 750 m^3$$

反应池水深 5m，则必要的水面积为 $750 \div 5 = 150 m^2$

反应池的设计运行水位如图 4-15 所示。

排水结束时水位 $h_1 = 5 \times \dfrac{1}{1.125} \times \dfrac{4-1}{4} = 3.33 m$

基准水位 $h_2 = 5 \times \dfrac{1}{1.125} = 4.44 m$ 高峰水位 $h_3 = 5 m$

警报，溢流水位 $h_4 = 5.0 + 0.5 = 5.5 m$

污泥界面：$h_s = h_1 - 0.5 = 3.33 - 0.5 = 2.83 m$

（4）需氧量计算

① 需氧量。

需氧量以 1kgBOD 需要 2kgO$_2$ 计：$O_D = 500 \times 200 \times 10^{-3} \times 2.0 = 200 kgO_2/d$

每池每周所需氧量 $O'_D = 200/3 = 66.7 kgO_2/$周期

但是以曝气时间 4.5h 计，每小时所需的氧量为 $O''_D = 66.7/4.5 = 14.9 kgO_2$

② 曝气装置。

a. 为水下机械曝气，求所需能力。此处，混合液水温为 20℃，混合液 DO 为 1.5mg/L，池水深 5m。

根据需氧量，污水温度以及大气压力进行换算，供氧能力为：

$$R_0 = \frac{O_D \cdot C_{sw}}{1.024^{(T_2 - T_1)} \cdot \alpha(\beta C_s - C_A)} \cdot \frac{760}{P}$$

$$= \frac{14.9 \times 10.98}{1.024^{(20-20)} \times 0.93 \times (0.97 \times 10.98 - 1.5)} \times \frac{760}{760} = 19.2 kgO_2/h$$

每个反应池设 2 台曝气装置，每台供氧能力为：

$$O_r = R_0/2 = 19.2/2 = 9.6 [kgO_2/(h \cdot 台)]$$

b. 鼓风曝气。由供氧能力，求取曝气供气量为：

$$G_s = \frac{R_0}{E_A \cdot \rho \cdot O_W} \times 100 \times \frac{293}{273} \times \frac{1}{60} (\text{m}^3/\text{min})$$

式中　E_A——氧利用率，%；

　　　ρ——空气密度，为 1.293kg/m³；

　　　O_W——空气的氧重量，为 0.233kgO₂/kg 空气。

氧利用率以 18% 计，则：

$$G_s = \frac{19.2}{18 \times 1.293 \times 0.233} \times 100 \times \frac{293}{273} \times \frac{1}{60} = 6.3\text{m}^3/\text{min}$$

常用 1 台鼓风机曝气。此外，另设备用鼓风机 1 台。1 台的空气曝气量为

$$G = G_s/1 = 6.3/1 = 6.3\text{m}^3/\text{min}$$

（5）上清液排出装置

污水进水量 $Q_s = 500\text{m}^3/\text{d}$，池数 $N = 1$，周期数 $n = 3$，排出时间 $T_D = 2\text{h}$，每一池的排出负荷量为

$$Q_D = \frac{Q_s}{N \cdot n \cdot T_D} = \frac{500}{1 \times 3 \times 2} \times \frac{1}{60} = 1.4\text{m}^3/\text{min}$$

每池设 1 台排出装置，则每台排出装置的负荷量为

$$Q' = Q_D/1 = 1.4/1 = 1.4\text{m}^3/\text{min}$$

排出装置的排水能力在最大流量比（$r = 1.5$）时，能够排出，所以排出能力为

$$1.4 \times 1.5 = 2.1\text{m}^3/\text{min}$$

（6）氯接触池

接触时间为 15min，其容积为 $1.4 \times 15 = 21\text{m}^3$（其他设计从略）

第五节　主要污泥处理工艺设计计算

一、污泥量的确定与计算

污泥总量为初沉池污泥量加二沉池剩余污泥量。

(一) 初沉池污泥量

$$V_1 = \frac{100C\eta Q}{10^3(100-P_1)\rho}(\text{m}^3/\text{d})$$

式中　Q——污水流量，m^3/d，取污水厂的平均日流量；

C——进入初沉池污水中悬浮物浓度（SS），mg/L；

η——初沉池沉淀效率，％，城市污水厂一般取 50％；

ρ——初沉池污泥浓度，kg/m^3，以 $1000\text{kg}/\text{m}^3$ 计；

P_1——污泥含水率，％，一般取 95％～97％。

或者按下面公式计算：

$$V_1 = \frac{SNT}{1000}(\text{m}^3/\text{d})$$

式中　S——每人每日污泥量，L/（人·d）（按每人每日产生的初沉污泥量为 14～27g，初沉池污泥含水率以 95％～97％计，则每人每日产生的初沉污泥量一般采用 0.3～0.8 ［L/（人·d）］）；

N——设计人口数，包括城市人口数和设计当量人口数；

T——初沉池两次排泥的间隔时间，d。

注意：V_1 是计算公式中所取含水率 P_1 时的污泥量。

(二) 二沉池污泥量

二沉池污泥量（即剩余污泥量）V_2（m^3/d）

1. 剩余污泥干重 ΔX_T（kg/d）

$$\Delta X_T = \Delta X/f = (aQL_r - bX_vV)/f$$

式中　ΔX——挥发性剩余活性污泥量，kgVSS/d；

Q——平均日流量，m^3/d；

a，b——污泥产率系数和污泥自身氧化率，以生活污水为主的城市污水，a 一般为 0.5～0.65，b 为 0.05～0.1d^{-1}；

X_v——混合液挥发性悬浮固体浓度，mg/L；

V——曝气池容积，m^3；

f——MLVSS/MLSS，城市污水一般 f 为 0.75。

2. 剩余污泥的体积量（湿污泥）V_2（m^3/d）

$$V_2 = \frac{\Delta X_T}{(1-P) \times 1000}(m^3/d)$$

式中　P——剩余污泥含水率，%，取 99.2%～99.6%。

或者采用剩余污泥浓度计算：

$$V_2 = \frac{\Delta X_T}{X_r}(m^3/d)$$

剩余污泥浓度：$X_r = \frac{10^6}{SVI} \times r(mg/L)$

3. 剩余污泥浓缩后的体积量 V_3（m^3/d）

$$V_3 = V_2 \frac{(100-P)}{(100-P_1)}(m^3/d)$$

式中　V_2——浓缩前的污泥量；

　　P，P_1——浓缩前后污泥含水率。

（三）总污泥量

（1）当初沉池污泥与二沉池污泥混合进入污泥浓缩池时：$V = V_1 + V_2$（m^3/d）

（2）当二沉池污泥浓缩后再与初沉池污泥混合进入污泥消化系统时：

$$V = V_1 + V_3(m^3/d)$$

注意：V_1，V_3 的设计含水率应相同。

二、污泥处理工艺流程

污泥处理的工艺流程一般有以下几种。

（1）生污泥→浓缩→消化→机械脱水→最终处置。

（2）生污泥→浓缩→机械脱水→最终处置。

（3）生污泥→浓缩→消化→机械脱水→干燥焚烧→最终处置。

（4）生污泥→浓缩→自然干化→堆肥→农田。

三、污泥浓缩

污泥浓缩用于降低污泥中的空隙水，因为空隙水占污泥水分的 70%，故浓缩是污泥减容的主要方法。

污泥浓缩的方法有重力浓缩和气浮浓缩、机械浓缩三种，其中以重力浓缩最常用。本书以辐流式重力浓缩为例介绍浓缩池的设计方法。

重力浓缩的构筑物称重力浓缩池。根据运行方法不同分为连续式重力浓缩池和间歇式重力浓缩池两种。

（一）重力浓缩

1. 辐流式重力浓缩池的形式
（1）带有刮泥机及搅动栅的圆形辐流式浓缩池；
（2）多斗方形辐流式连续浓缩池。

2. 浓缩原理
在重力浓缩池中污泥沉降速度顺次存在着自由沉降、絮凝沉降、区域沉降、压缩沉降的连续过程，所谓重力浓缩，实际上是自重压密的过程。

3. 重力浓缩池的设计
（1）设计规定
① 进泥为剩余污泥时，进泥含水率一般为 99.2%～99.6%，浓缩后污泥含水率为 97%～98%。
② 进泥为初沉污泥时，进泥含水率一般为 95%～97%，浓缩后污泥含水率为 92%～95%。
③ 进泥为混合污泥时，进泥含水率一般为 98%～99%，浓缩后污泥含水率为 94%～96%。
④ 浓缩时间大于 12h，小于 24h。
⑤ 浓缩池有效水深不小于 3m，一般 4m 为宜。
⑥ 污泥室容积，应根据排泥方法和排泥间隔时间确定，排泥间隔定期排泥时一般为 8h。
⑦ 集泥装置：
不设挂吸泥机时，池底设泥斗，泥斗壁与水平角的倾角应小于 50°；
当采用吸泥机时，池底坡度为 0.003；

当采用刮泥机时，池底坡度不宜小于 0.01。

⑧ 排泥管内管径≥150mm。

⑨ 浓缩池上清液应回到初沉池前进行处理。

（2）重力浓缩池设计参数

在无试验资料时可参见表 4-30。

表 4-30　重力浓缩池设计参数

污泥种类	进泥含水率/%	出泥含水率/%	水力负荷/[m³/(m²·d)]	固体通量/[kg/(m²·d)]	溢流TSS/(mg/L)
初沉池污泥	95～97	92～95	24～33	80～120 (90～144)	300～1000
生物膜	96～99	94～98	2.0～6.0	35～50	200～1000
剩余污泥	99.2～99.6	97～98	2.0～4.0	10～35 (30～60)	200～1000
混合污泥	98～99	94～96	4.0～10.0	25～80	300～800

注：（　）内值供参考。

（3）计算公式

① 浓缩池面积计算

a. 浓缩池面积：$A = \dfrac{QC}{M}$（m²）

式中　Q——污泥量，m³/d；

　　　C——污泥固体浓度，kg/L；

　　　M——污泥固体通量，kg/(m²·d)。

b. 浓缩池直径：$D = \sqrt{\dfrac{4A_1}{\pi}}$（m）

式中　A_1——单池面积，$A_1 = A/n$；

　　　n——池子个数。

② 浓缩池深度计算

a. 浓缩池工作部分有效水深高度 h_1

$$h_1 = \frac{TQ}{24A}$$

式中　T——浓缩时间，12＜T＜24，h；

　　　Q——污泥量，m³/d；

　　　A——浓缩池面积，m²。

b. 浓缩池超高 h_2，一般取 0.3m。

c. 缓冲层高度 h_3，一般取 0.3m。

d. 刮泥设备所需池底坡度造成的深度 h_4：

$$h_4 = D/2 \times i$$

式中　i——池底坡度根据排泥设备取 0.003～0.01，常用 0.05；

　　D——池子直径，m。

e. 泥斗深度 h_5（另计）。根据排泥间隔计算泥斗容积后（正圆台或正棱台）确定高度，泥斗壁与水平面的倾角不小于 50°。

f. 浓缩池总深度：$H = h_1 + h_2 + h_3 + h_4$

有效水深：$H = h_1 + h_2 + h_3$

（二）设计计算例题

【例 4-17】　已知：污水厂剩余污泥量 $Q = 1700\text{m}^3/\text{d}$，含水率 $P_1 = 99.4\%$，浓缩后污泥含水率要求 $P_2 = 97\%$。求：设计重力浓缩池。

【解】

（1）计算污泥浓度

$$P_1 = 99.4\% \text{（污泥密度按 1000kg/m}^3 \text{ 计）}$$

$$C_1 = (1 - P_1) \times 10^3 = (1 - 0.994) \times 10^3 = 6\text{kg/m}^3$$

$$P_2 = 97\% \quad C_2 = 30\text{kg/m}^3$$

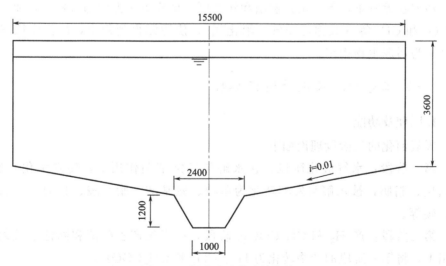

图 4-18　辐流式浓缩池计算简图

（2）浓缩池面积

污泥固体通量根据表 4-30 取 27kg/(m^2 · d)，有

$$A = \frac{QC}{M} = \frac{1700 \times 6}{27} = 377.8 m^2$$

采用两个浓缩池（$n=2$），有 $A_1 = A/n = 377.8/2 = 188.9 m^2$（取 189$m^2$）

浓缩池直径为：$D = \sqrt{\frac{4 \times 189}{3.14}} = 15.5 m$

（3）浓缩池高度：取 $T = 16h$，则 $h_1 = \frac{TQ}{24A} = \frac{16 \times 1700}{24 \times 377.8} = 3.0 m$

（4）超高：$h_2 = 0.3 m$。

（5）缓冲层：$h_3 = 0.3 m$。

（6）池底坡度造成的深度 h_4：$h_4 = D/2 \times i = 15.5/2 \times 0.01 = 0.0775 m$

（7）泥斗深度：$h_5 = 1.2 m$，其算法见沉淀池。

（8）有效水深：$H_1 = h_1 + h_2 + h_3 = 3.0 + 0.3 + 0.3 = 3.6 m > 3m$，符合规定。

（9）浓缩池总深度：$H = H_1 + h_4 + h_5 = 3.6 + 0.078 + 1.2 = 4.88 m$。

四、污泥厌氧消化

污泥在无氧条件下，由兼性菌和转性厌氧菌降解污泥中的有机物，使之产生 CO_2 和 CH_4 等（又称污泥气、消化气），使污泥得到稳定，故污泥厌氧消化又称为污泥生物稳定。

（一）工艺原理及设计运行参数

1. 原理及功能

厌氧消化的三阶段理论如下。

第一阶段：水解酸化阶段，在水解与发酵细菌作用下，使碳水化合物、蛋白质、脂肪，被水解与发酵转化为单糖、氨基酸、脂肪酸、甘油、二氧化碳、碳等。

第二阶段：产 H_2 和 CH_3COOH 阶段，在产氢产乙酸菌和同性乙酸菌的作用下，将第一阶段的产物转化为 H_2、CO_2 和 CH_3COOH。

第三阶段：产甲烷阶段，在产甲烷菌的作用下，将 H_2 和 CO_2 转化成 CH_4，同时也对乙酸脱羧产生甲烷。该阶段是整个厌氧消化的控制阶段。

2. 一般规定

（1）温度

按消化温度分为中温消化和高温消化，一般采用中温消化。

中温消化：$33\sim35℃$，有机物负荷 $2.5\sim3.0kgBOD_5/(m^3 \cdot d)$，产气量约 $1\sim1.3m^3/(m^3 \cdot d)$，消化时间约为 20d。

（2）投配率

中温消化投配率以 5%～8% 为宜，相应消化时间为 20～12.5d，有机物的降解率大于 40%。

（3）搅拌与混合

使消化池内消化菌与有机物充分接触，实践证明，有搅拌比无搅拌产气量增加 30%。

（4）污泥浓度

污泥固体含量一般采用 3%～4%，最大可行范围为 10%～12%。两级消化后的污泥含水率一般可达 92% 左右。

（5）pH 值与碱度

消化系统中，应保持碱度在 2000mg/L（以 $CaCO_3$ 计）以上，使其具有足够的缓冲能力，可有效地防止 pH 值的下降。

（6）C/N 比

要求 C/N 比以（10～20）：1 为宜。

（7）有毒物质

主要是重金属离子、S^{2-}、NH_3，其他物质的毒阀浓度较高。

（8）污泥的投配方式

污泥的投配方式有间歇投配和连续投配两种。间歇投配一般每天 2～3 次，细菌饿饱不均，消化环境不够稳定，可能引起酸性剧变，使运行恶化，但当水力停留时间长时，这种情况影响较小。连续投配有一个均匀和稳定的消化环境，运行良好，但管理水平要求较高。

3. 污泥厌氧消化工艺种类

污泥厌氧消化工艺主要有一级消化、两级消化、两相消化等工艺。

（1）一级消化工艺

一级消化工艺的污泥消化为单级消化过程，污泥在单级（单个）消化池内进行搅拌和加热，完成消化目的。目前一级消化工艺很少采用，而普遍采用两级消化工艺。

（2）两级消化工艺

两级消化工艺为两个消化池串联运行（见图 4-19），生污泥首先进入一级消化池中，池内污泥应搅拌与加热，消化温度 $33\sim35℃$，并应有集气设备，不排出上清液。污泥中的有机物分解主要在一级消化池中进行，产气量占总产气量的 80%。一级消化池消化的污泥重力排入二级消化池，池内污泥不加热和搅拌，而是利用一级消化池排出的污泥的余热继续消化，其消化温度可保持在 $20\sim26℃$。二级消化池应设有集气设备并撇除上清液，产气量仅占总产气量的 20%。二级消化池还起着污泥浓缩池的作用。

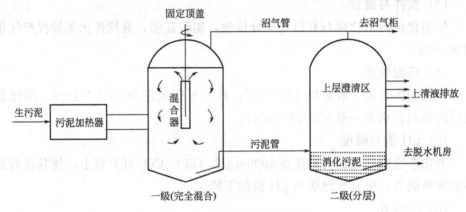

图 4-19　两级消化工艺流程

两级消化工艺中第一级消化池容积通常按污泥投配率为 5% 来计算，而第一级与第二级消化池的容积比为 $1:1$，或 $2:1$ 或 $3:2$，但最常用的用 $2:1$，即第二级消化池的容积按污泥投配率为 10% 来计算。

两级消化工艺比一级消化工艺总的耗热量少，并减少了搅拌的能耗，熟污泥含水率低，上清液固体含量少。

（3）两相厌氧消化工艺

两相消化根据消化理论进行设计，目的是使各相消化池具有更适合于消化过程三个阶段各自的菌种群生长繁殖的环境，即把第一、第二阶段与第三阶段分别在两个消化池中进行，使各自都有最佳环境条件，故两相消化具有池容积小、加泥与搅拌能耗少、运行管理方便、消化更彻底等特点（两相消化为新工艺，现处于研究中试阶段）。

4.厌氧消化池各部构造与设计参数依据

（1）池形

消化池的基本池形有圆柱形和蛋形两种。

（2）池顶

按池顶结构分为固定盖和浮动盖。常用的固定盖池顶，为以弧形穹顶，或为截圆锥形。池顶中部装集气罩，通过管道与贮气柜直接连通，防止产生负压，池顶至少应装有两个直径为0.7m的小孔。工作液位与池子圆柱部分的穹顶之间的超高，可以低到小于0.3m。消化池的投配过量、排泥不及时或沼气产量与用气量不平衡等情况发生时，沼气室内的沼气受压缩，气压增加甚至可能压破池顶盖。因此消化池池顶下沿应装有溢流管，及时溢流，以保持沼气室内压力恒定。

（3）消化池的数目与大小

考虑到检修等因素，消化池的数量不应少于两座。消化池的有效容积按照每天加入污泥量及污泥投配率进行计算：$V = \dfrac{V'}{P} \times 100 (\text{m}^3)$

式中　V'——新鲜污泥量，m^3/d；

　　　P——污泥投配率，%。

每座消化池的有效容积：$V_0 = \dfrac{V}{n} (\text{m}^3)$

式中　n——消化池数量。

每座消化池的容积小型为2500m^3以下，中型为5000m^3左右，大型为10000m^3以上。

（4）管道布置

消化池附设的管道有污泥管、排上清液管、溢流管、取样管等；污泥管包括进泥管、出泥管、循环搅拌管。

一般消化池的进泥口布置在泥位上层，其进泥点及出泥点的形式应有利于搅拌均匀，破碎浮渣。小型池一般应为一根进泥管，大型池需要两根以上的进泥管。

出泥口布置在池底中央或在池底分散数处，依靠消化池内的静水压力将熟污泥排至污泥的后续处理装置，大型池子在池底以上不同高度再设1~2处。

排空管可与出泥管合并使用，也可单独设立。当用泵循环搅拌污泥，或进行池外加热时，进泥口及出泥口的位置应考虑有利于混合均匀。当污泥管的最小直径为150mm，为了能在最适当高度除去上清液，可在池子的不同高度设置若干个排出口，最小管径为75mm。

溢流管的溢流高度，必须考虑是在池内受压状态下工作。在非溢流工作状态时或泥位下降时，溢流管仍需保持封泥状态，以免消化池气室与大气连通。溢流管最小管径为 200mm。

取样管一般设置在池顶，最少为两个，一个在池子中部，另一个在池边。取样管的长度最少应伸入最低泥位以下 0.5m，最小管径为 100mm。

一般应备有清洗水或蒸汽的进口以及清理污泥管道的设备。

排出的上清液及溢流出泥，应重新导入初次沉淀池进行处理。设计沉淀池时，应计入此项污染物。

（5）搅拌设备

常用的搅拌方法有沼气搅拌，泵加水射器搅拌及联合搅拌等。搅拌设备至少应在 2~5h 内将全池污泥搅拌一次。一般当池内各处污泥浓度变化范围不超过 10% 时，即可认为符合混合要求。

① 泵加水射器搅拌。生污泥用污泥泵加压后，射入水射器。水射器顶端浸没在污泥面以下 0.2~0.3m，污泥泵压力应大于 0.2MPa，生污泥量与吸入水射器的污泥量之比为 (1:3)~(1:5)。消化池池径大于 10m 时，可设 2 个或 2 个以上水射器。

根据需要，加压后的污泥也可从中位管压入消化池进行补充搅拌。这种方法搅拌可靠，但效率较低。

② 联合搅拌法。联合搅拌法的特点是把生污泥加温、沼气搅拌联合在一个装置内完成。经空气压缩机加压后的沼气以及经污泥泵加压后的污泥分别从热交换器（兼作生、熟污泥与沼气的混合器）的下端射入，并把消化池内的熟污泥抽吸出来，共同在热交换器中加热混合，然后从消化池的上部污泥面下喷入，完成加温搅拌过程。

热交换器通过热量计算决定，如池径大于 10m，可设两个或两个以上热交换器。这种搅拌方法被普遍推荐使用。

③ 沼气搅拌。沼气搅拌的优点是没有机械磨损，故障少，搅拌力大，不受液面变化影响，并可促进厌氧分解，缩短消化时间。用消化池产生的沼气经空气机压缩后通过消化池顶盖上面的配气环管，进入每根立管，立管数量根据搅拌气量及立管内的气流速度决定。搅拌气量按每 $1000m^3$ 池容 $5~7m^3/min$ 计，气流速度按 $7~15m/s$ 计。立管末端在同一水平面上，距池底 1~2m，或在池壁与池底连接面上。

其他搅拌方法如螺旋桨式搅拌，现已不常用。

（6）沼气的收集与贮存设备

由于产气量与用气量常常不平衡，所以必须设贮气柜进行调节。沼气从集气罩通过沼气管输送到贮气柜。

贮气柜有低压浮盖式与高压球形罐两种。

（二）计算例题

【例 4-18】　城市污水处理厂，初次污泥量为 313m³/d，剩余活性污泥经浓缩后为 180m³/d，其含水率均为 96%，采用中温两级消化处理。消化池的停留天数为 30d，其中一级消化为 20d，二级消化为 10d。一级消化池进行加热、搅拌，二级消化池不加热、不搅拌，均为固定盖形式。要求计算消化池的各部分尺寸。

【解】

1. 消化池容积

（1）一级消化池总容积：$V = \dfrac{313 + 180}{5/100} = 9860\text{m}^3$

采用 4 座一级消化池，则每座池子的有效容积为：

$$V_0 = \frac{V}{4} = \frac{9860}{4} = 2465\text{m}^3 \ （取\ 2500\text{m}^3）$$

消化池直径 D 采用 18m（参见图 4-20）。

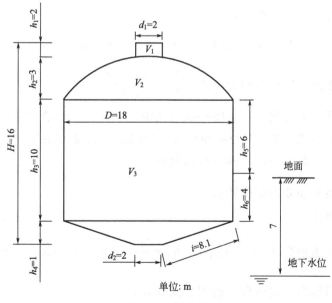

单位：m

图 4-20　消化池

集气罩直径 d_1，采用 2m；池底下锥底直径 d_2，采用 2m；

集气罩高度 h_1，采用 2m；上椎体高度 h_2，采用 3m；

消化池柱体高度 h_3，应大于 $D/2=9m$，采用 10m；下锥体高度 h_4，采用 1m；

则消化池总高度为 $H=h_1+h_2+h_3+h_4=16m$。

消化池各部分容积的计算：

集气罩容积为：$V_1=\dfrac{\pi d_1^2}{4}h_1=\dfrac{3.14\times2^2}{4}\times2=6.28m^3$

弓形部分面积为（按球台体积公式计算）：

$$V_2=\frac{\pi}{6}h_2\left[3\left(\frac{D}{2}\right)^2+3\left(\frac{d_1}{2}\right)^2+h_2^2\right]=400.4m^3$$

圆柱部分面积为：$V_3=\dfrac{\pi D^2}{4}\times h_3=\dfrac{3.14\times18^2}{4}\times10=2543.4m^3$

下锥体部分面积为：$V_4=\dfrac{1}{3}\pi h_4\left[\left(\dfrac{D}{2}\right)^2+\dfrac{D}{2}\times\dfrac{d_2}{2}+\left(\dfrac{d_2}{2}\right)^2\right]$

$$=\frac{1}{3}\times3.14\times1\times(9^2+9\times1+1^2)=95.3m^3$$

则消化池的有效容积为：

$$V_0=V_3+V_4=2543.4+95.3=2638.7m^3>2465m^3$$

（2）二级消化池总容积为：$V=\dfrac{V'}{P}=\dfrac{313+180}{10/100}=4930m^3$

采用两座二级消化池，每座一级消化池串联一座二级消化池，则每座二级消化池的有效容积：$V_0=V/2=4930/2=2465m^3$（取 2500m³）

二级消化池各部分尺寸同一级消化池。

2. 消化池各部分表面积计算

池盖表面积：

集气罩表面积为 $F_1=\dfrac{\pi}{4}d_1^2+\pi d_1 h_1=\dfrac{3.14}{4}\times2^2+3.14\times2\times2=15.7m^2$

池顶表面积为（按球台侧面积公式计算）

$$F_2=2\pi rh_2=2\times3.14\times9.83\times3=185.2m^2$$

其中 $r^2 = \left(\dfrac{D}{2}\right)^2 + \left[\dfrac{\left(\dfrac{D}{2}\right)^2 - \left(\dfrac{d_1}{2}\right)^2 - h_2^2}{2\left(\dfrac{D}{2}\right)^2}\right] = 9.83\text{m}^2$

则池盖总表面积为 $F_1 + F_2 = 15.7 + 185.2 = 200.9\text{m}^2$

池壁表面积为 $F_3 = \pi D h_5 = 3.14 \times 18 \times 6 = 339.1\text{m}^2$（地面以上部分）

$F_4 = \pi D h_6 = 3.14 \times 18 \times 4 = 226.1\text{m}^2$（地面以下部分）

池底表面积为（按圆台公式）

$$F_5 = \pi \cdot l \left(\frac{D}{2} + \frac{d_2}{2}\right) + \pi \left[\left(\frac{D}{2}\right)^2 + \left(\frac{d_2}{2}\right)^2\right] = 511.8\text{m}^2$$

3. 沼气混合搅拌计算

消化池的混合搅拌采用多路曝气管式（气通式）沼气搅拌。

（1）搅拌用气量

单位用气量采用 $6\text{m}^3/(\text{min} \cdot 1000\text{m}^3$ 池容$)$，则用气量为

$$q = 6 \times \frac{2500}{1000} = 15\text{m}^3/\text{min} = 0.25\text{m}^3/\text{s}$$

（2）曝气立管管径

曝气立管的流速采用 12m/s，则所需立管的总面积为 $0.25/12 = 0.0208\text{m}^2$。选用立管的直径为 $DN = 60\text{mm}$ 时，每根断面 $A = 0.00283\text{m}^2$，所需立管的总数则为 $0.0208/0.00283 = 7.35$ 根（采用 8 根）。核算立管的实际流速为

$$v = \frac{0.25}{8 \times 0.00283} = 11.04\text{m}/\text{s}（符合要求）$$

五、污泥脱水

污泥经浓缩、消化后，尚有约 $92\% \sim 97\%$ 含水率，体积仍很大。为了综合利用和最终处置，需对污泥进行干化和脱水处理，目前采用机械脱水的多，采用污泥干化厂的少。

（一）机械脱水前的预处理

预处理的目的在于改善污泥脱水性能，提高机械脱水效果与机械脱水设备

的生产能力。

有机污泥（包括初次沉淀污泥、腐殖污泥、活性污泥和消化污泥）均由亲水性带负电荷的胶体颗粒组成，颗粒大小不匀而且很细，挥发性固体含量高，比阻也大，脱水性能较差。一般认为进行机械脱水的污泥，比阻值在 $(0.1\sim 0.4) \times 10^9 s^2/g$ 之间为宜，但一般各种污泥的比阻值均大大超过该范围（见表 4-31），因此在机械脱水前，污泥必须进行预处理。预处理的主要方法有化学调节法、热处理法及冷冻等，最常用的是化学调节法。

表 4-31 各种污泥的大致比阻值

污泥种类	比阻值	
	$/(s^2/g)$	$/(m/kg)$
初次沉淀污泥	$(4.7\sim 6.2) \times 10^9$	$(46.1\sim 60.8) \times 10^{12}$
消化污泥	$(12.6\sim 14.2) \times 10^9$	$(123.6\sim 139.3) \times 10^{12}$
活性污泥	$(16.8\sim 28.8) \times 10^9$	$(164.8\sim 282.5) \times 10^{12}$
腐殖污泥	$(6.1\sim 8.3) \times 10^9$	$(59.8\sim 81.4) \times 10^{12}$

注：$9.81 \times 10^3 s^2/g = 1 m/kg$。

化学调节法是在污泥中加入混凝剂、助凝剂等化学药剂，比阻降低，改善脱水性能。

热处理法可使有机物分解，破坏胶体颗粒稳定性，污泥内部水与吸附水被释放，比阻可降至 $1.0 \times 10^8 s^2/g$，脱水性能大大改善，寄生虫卵、致病菌与病毒等可被杀灭，因此污泥热处理兼有污泥稳定、消毒和除臭等功能。热处理后污泥进行重力浓缩，可使含水率 97%～99%以上浓缩至 80%～90%，如直接进行机械脱水，泥饼含水率可达 30%～45%。

冷冻法可使污泥颗粒的结构被彻底破坏，脱水性能大大提高，颗粒沉降与过滤速度可提高十几倍，可直接进行机械脱水。

（二）污泥机械脱水方法

污泥机械脱水方法有真空吸滤法、压滤法和离心法等，其基本原理相同。污泥机械脱水是以过滤介质形成滤液；而固体颗粒被截留在介质上，形成滤饼，从而达到脱水的目的。

目前常用的脱水机械有 4 种：折带式真空转鼓过滤机、自动板框压滤机、滚压带式压滤机和离心脱水机。

污泥机械脱水设备的选择应根据处理规模、运行费用、运行经验、污泥出路等方面的实际情况选择确定。

表 4-32 所列为各种机构的性能比较，供选用时参考。

表 4-32　各种污泥脱水机械的性能比较

性能指标＼脱水机械	折带式真空转鼓过滤机	自动板框压滤机	滚压带式压滤机	离心脱水机
脱水泥饼含水率/%	75～80	65～70	70～80	75～80
投资费用	较高	高	较低	较低
运行情况	自控、连续	自控、间歇	自控、连续	自控、连续
预处理	有	无	无	无
适用规模	中、小型	中、小型	大、中型	大、中型

第五章
污水处理厂经济评价与分析

第一节　污水处理厂经济评价与分析的基本原理

经济分析与评价的目的是追求费用最小或者效益最大。

一、费用最小化原则

在满足功能目标（特定需要）的前提下，追求所支出的全生命（服务）期费用最小。特别是像污水处理厂这类以环境保护、提高环境质量、维护生态效益、提高人民生活质量、维持经济和社会的可持续性发展为基本任务的工程项目，往往是以满足上述功能目标为前提的，这样的项目则应以追求生命（服务）期费用最小为原则，如追求每吨污水处理的成本最小就是一个最小化原则的实例。

项目的服务期费用包含了与项目有关的一切费用，如项目的前期费用、建设期费用（含制造、购买、建设、安装、试运行等）、生产期运营费用及工程寿命期结束时的拆除费用。这些费用是在不同时间发生的，时间跨度可达几十年，因而应采用动态计算方法进行评价，考虑资金的时间价值才是全面的、准确的。

二、经济效益最大化原则

当一项工程或一个技术方案的经济效益比较容易定量地进行计算时，效益最大化应是项目经济评价所追求的目标。

$$经济效益(E) = 总产出 - 总投入 \qquad (5\text{-}1)$$

或

$$经济效益(E) = \frac{总产出}{总投入} \qquad (5\text{-}2)$$

$$经济效益(E) = \frac{总产出 - 总投入}{总投入} \qquad (5\text{-}3)$$

式（5-1）是绝对值表示法，大于零，即为有经济效益；式（5-2）、式（5-3）是相对值或比例表示法，式（5-2）大于式（5-1），式（5-3）大于零，即为有经济效益。

如污水处理厂每处理 1t 污水收取一定的费用，同时深度处理获得中水销售又可实现一定的收入，对综合方案进行评价时则可采用效益最大化方法进行分析计算和评价。

效益最大化是指工程全服务期的效益最大化。与费用最小法相类似，项目的前期费用、基建费用、运营费用、拆除费用、运营收入、销售收入是在不同时间发生的，因此必须按动态计算方法进行分析，效益最大化才是真实可信的。

第二节 费用最小法

一、项目的服务期费用组成

污水处理项目的服务期费用由项目前期费用、建设期费用、运营费用和工程拆除费用四个阶段的各项费用构成。其中前期费用与建设期费用构成项目的建设总投资。

1. 项目前期费用

项目前期费用包括土地有关费用（土地补偿费、复垦费、拆迁费、安置费等），建设单位开办费用（办公设备、交通工具、用具、家具等筹建费用）、临时设施费用，前期工作费用（规划设计、立项、可行性研究、咨询、环境评价、勘察设计、建设单位经费），招标、融资费用，实验研究、引进技术和设备以及消化吸收费用（引进及派出人员的差旅费、生活费、置装费、培训费、接待费、引进设备的检验费、商检费，技术资料费、专利和专有技术及设计费），专项协作有关费用和配套费用等。

2. 建设期费用

建设期费用包括：

（1）建筑安装工程费（含建筑工程费——建筑工程、构筑物、场地平整、施工临时用的水、电、气、路等项费用，设备购置费——生产设备购买及运输和检验、保险等费用，安装工程费——安装设备的装配、安装及附设管线的材料和安装、与之相连的平台和安全工程、单体试车费，工器具及生产用具购置费），监理费，工程保险费——根据招投标法及相关的规定，工程费及监理费基本上是应当通过工程招标和采购招标支出的费用。

（2）职工培训费、联合试车费、建设单位管理费、投资方向调节税（应交纳投资方向调节税的子项目单独计算）。

（3）预备费（含工程变更和设计变更、自然灾害和意外情况、特殊的鉴定和工程验收、设备材料及人工费用等物价上涨、工程项目建设期延长及其他未预见因素而造成的费用增加）预备费用往往是在招标及工程合同中规定计算原则的费用。

（4）建设期利息及各项融资成本。

（5）铺地底流动资金。

3. 运行期费用

经济评价或方案比较中的运行期费用，又称经营成本，包括大修理基金、维修维护费、电费、药剂费、燃料动力费、工资福利费、管理费、税费支出（财务评价户计算）、各类保险费、财务费用（不含建设期投资利息——流动资金除外）销售费用和其他各项支出。

总成本中除经营成本外，还包括固定资产折旧、摊销费用和建设期投资利息——方案比较中不必计算此费用。

4. 项目设计服务期结束时的工程拆除费用

以上各项费用在哪一年发生就算在哪一年的年末，逐年计算。但价格基准是计划中的建设期初的预测价格，所有费用和收入均以该预测价格进行计算。

二、项目的收入计算

即使是单纯的污水处理厂，不出售中水，也难免会有一些收入，对收入应与费用相应地计入各年末，其价格水平也以预测的项目建设期初价格为准。

三、项目服务期费用现值的计算

1. 项目服务期费用现值的意义

项目的费用现值，就是把项目服务评价期（计算期）内各年的净费用值（各年的总费用减对应年的收入额）按一定的折现率折算成现在（建设期初）的价值，然后将其相加得到的一个总费用值。

项目服务期费用现值表示一个项目在服务期（计算期）内的全部费用（净支出）相当于现在（建设期初）价值的总费用。因污水处理工程项目收入甚少，主要以支出费用来满足一定的环境目标和社会效益为主，其设计方案的选取最适合采用费用现值法进行比较和评价。对于规模、功能相同的项目或设计方案，服务期费用现值愈小，则说明方案愈优。

2. 项目服务期费用现值的计算

项目服务期费用现值的计算公式为：

$$C_{NPV} = CO_o + CO_1(1+i_0)^{-1} + CO_2(1+i_0)^{-2} + \cdots$$
$$+ CO_{n-1}(1+i_0)^{-(n-1)} + CO_n(1+i_0)^{-n}$$

$$= \sum_{t=0}^{n} CO_t(1+i_0)^{-t}$$

式中　C_{NPV}——项目的计算（服务）期费用现值；

　　　CO_t——第 t 年的净费用值；

　　　i_0——折现率，相当于在项目务期内预测的资金平均年增值率；

　　　t——第 t 年；

n——项目计算期，评价项目时根据项目的设计服务年限确定。若设计服务年限≤20年则取n年逐年计算，若>20年，则一般取$n=20$年。项目规模大，设计服务期很长时，一般计算年限n不超过30年。

建设前期的费用一律统计为建设期初的一笔费用，建设期的费用按建设计划列入当年年末（包括利息），经营期费用采用各年的经营成本减去当年的收入，由于项目的服务期一般较长（30年以上），寿命期结束时的拆除费用可忽略不计，或按与残值相等考虑。

对项目进行国民经济评价时，i_0可取国家公布的社会折现率；进行财务评价时，i_0可按项目融资的平均成本（即利息率）计算。进行方案比较时，i_0按融资成本（即借款利率）计算。

四、费用年金的意义及其计算方法

费用年金是一种动态的计算污水处理厂费用年值的方法，可以用于计算处理每吨水的费用。在污水处理方案选择时常采用此方法。

1. 计算等额的年度总费用

$$A = C_{NPV} \cdot \left[\frac{i_0 \cdot (1+i_0)^n}{(1+i_0)^n - 1} \right]$$

式中　A——污水处理厂的等额年度总费用；

C_{NPV}——计算期费用现值，计算同前所述；

i_0——折现率，可用贷款利息率；

n——计算期，年，意义同前所述。

由于费用年值公式把建设期也视作在进行废水处理，所以当建设期较长时，费用年值公式应进行修正，采用以下公式计算：

$$A = C_{NPV} \cdot \left[\frac{i_0 \cdot (1+i_0)^n}{(1+i_0)^{(n-m)} - 1} \right]$$

式中　m——建设期，年；

其他符号意义同前。

2. 计算吨水处理成本

$$C = \frac{A}{365Q}$$

式中　C——吨水处理成本；

　　　A——污水处理厂的等额年度总费用；

　　　Q——污水平均日流量，m^3/d。

此法计算出的处理吨水成本涵盖了污水处理厂的前期费用、建设费用、运行费用。在此基础上制定的排污收费标准，是可以保证污水处理厂财务平衡的。对设计方案的横向比较也是较科学的。使用此公式时要注意单位换算（A一般以万元为单位，C一般以元为单位）。

五、与费用最小原则相联系的常用静态指标

(1) 处理吨水成本数。

(2) 处理每吨污水投资额。

(3) 处理每吨污水的占地面积。

(4) 处理每吨污水的能耗。

(5) 污水处理厂的全员劳动生产率。

上述各项指标均从一个方面反映了污水处理厂的技术先进性与经济合理性。但由于各项指标均为静态指标，不能客观、真实地反映出在不同时间内所发生的等量费用具有不同的经济价值，而且各项指标间往往具有此消彼长的特点。如投资额增大，往往使生产期的吨水成本下降，劳动生产率提高。因而上述指标往往不能以经济价值观点定量地、全面地、综合地分析评价项目（或方案）的优劣程度。

对于较小或较简单的项目在分析评价较直观时，也可采用上述指标进行。

第三节　效益最大法

一、效益最大法计算方法的适用范围

目前各大城市已收取排污费，而且污水资源化及中水回用的进程也在加快，城市污水处理厂的效益将不再是单一的"环保效益"和"社会效益"。城

市排水纳入城市水资源总体规划后，污水厂的收入主要有两部分组成：一是传统意义上的污水处理费（排污费）；二是中水销售费。对这样的生产厂，技术经济评价应与此相适应。特别是选择深度处理设计方案和进行是否采用深度处理将污水资源化的决策时，遇到了增加费用与增加收益的分析评价问题。对这样的项目，应当用效益最大化原则去分析、比较和评价。

二、收入计算

污水处理厂的收入主要有两项。

（1）排污费

根据处理量和收费标准计算，（目前由有关部门收费后划入污水处理厂），以年记。

（2）中水销售收入

根据销售单价和销售量计算，以年记。

要注意国民经济评价与财务评价的区别，不同层次的评价，收益和费用计算范围不同，采用的价格不同。随着城市中水系统的建设，部分用水改用中水后，减少了净水的需求量。由于大多数城市的自来水销售价格并没有达到其真实成本，这个差额是用国家或地方财政转移支付的。因此，在进行项目或方案的国民经济评价时，应考虑这些转移支付。例如，某市设中水系统后，工业、市政、居民用水改用一部分中水，每日少用自来水分别为10万吨、10万吨、10万吨，自来水的实际成本是3元/吨（含前期费用、建设费用、运营费用），而该市的自来水销售价格为工业用水2.2元/吨、市政用水2元/吨、居民用水1.5元/吨；改用中水后减少了政府支出：$10 \times (3-2.2) + 10 \times (3-2) + 10 \times (3-1.5) = 33$ 万元/年。这些转移支付在进行项目或方案的国民经济评价时，应作为收入计算。

收入计算逐年计算，每年的收入计入当年年末，计算年限参见最小费用法有关内容。

三、费用计算

费用计算方法参见最小费用法，并应注意以下几点。

（1）因工程内容不同造成的费用构成不同。

（2）增加销售收入的同时所发生的销售费用亦增加很多。

四、逐年净收入的计算

一个年的收入减去当年的支出得出各年的净收入，此即年净现金流量。在建设期收入小于费用（支出）时其净现金流量为负值。

五、项目服务期效益计算

1. 净现值法

$$NPV = \sum_{t=0}^{n} (CI - CO)_t \cdot (1 + i_0)^{-t}$$

式中　NPV——项目服务期的净现值；

$(CI - CO)_t$——第 t 年净现金流量；

$\quad CI$——第 t 年的收入（现金流入量）；

$\quad CO$——第 t 年的费用（现金流出量）；

$\quad n$——项目计算期，意义同前；

$\quad i_0$——基准收益率，意义同前述折现率，计算时应根据评价目的合理选用，参见本节第二部分中有关说明及第四部分有关说明。项目的净现值愈大愈好。表明项目的获利能力已达到了收支相抵或盈利的水平。

2. 净现值率法

净现值率表示了单位投资现值所产生的净现值。净现值率愈大，说明单位投资的效益愈好。

净现值率（$NPVR$）的表达式为：

$$NPVR = \frac{NPV}{I_P}$$

式中　$NPVR$——净现值率；

$\quad I_P$——投资现值，即前期费用及建设期费用的现值。

我国目前尚属资金短缺的发展中国家，筹集建设资金与选择和优化建设项目的任务同样繁重，因此，在方案比较或选择时，不仅要选净现值大的项目，更要首选净现值率大的项目，这样才能最大限度地发挥投资的效率。

3. 内部收益率法

内部收益率的表达式为：

$$NPV = \sum_{t=0}^{n} (CI - CO)_t \cdot (1 + IRR)^{-t} = 0$$

式中　CI——第 t 年的收入（现金流入量）；

　　　CO——第 t 年的费用（现金流出量）；

$(CI - CO)_t$——第 t 年的净现金流量；

　　　IRR——内部收益率；

　　　n——项目计算期，当项目服务期小于 20 年时 n ＝服务期；当项目服务期大于 20 年时一般取 n ＝20 年；当项目规模很大（投资额大）时，一般情况下 $n \leqslant 30$ 年。

方案比较时 IRR 越大越好。项目财务评价时，IRR 大于筹集资本成本（利息率）即为合理。

第四节　综合经济评价说明

由于城市排水工程的特殊性，决定了项目的效益往往是社会性的、长远的、间接的；这些效益是不易直接计算现金流量的效益，只是定性地分析评价。这类工程是社会进步和经济发展水平的标志，因此，决定了这类工程的分析评价以国民经济（社会）评价为主，其重大技术方案和工艺方案的评价与比较也以社会评价为主。

（1）当国民经济（社会）评价与财务评价结论一致时，不论其是否可行，其决策是易于做出的。

（2）当污水处理项目（或方案）的国民经济（社会经济）评价可行而财务评价不可行时（这是通常的情况）应以国民经济（社会经济）评价结论为依据，研究解决财务评价户的政策性问题，寻求使项目（或方案）在财务上成立的办法（包括技术方案、经济政策和财务措施），创造条件促成项目。

基于上述原因，在阐述污水处理工程的经济评价和分析比较方法时，有以下特点。

（1）文字说明不刻意突出社会经济评价与财务分析的区别，而是原则性地介绍经济分析评价的思路和方法。两种评价方法的原理与计算公式并无差异。所不同的只是费用与收益的划分、计算范围和价格以及贴现率。对不同评价层次的细分，参见计算实例。

（2）突出适合时代要求的经济评价基本原理、基本方法和分析计算评价技术。

（3）所述分析评价原理与计算方法，哪一个更适合于方案比较或总体经济评价，由设计者视工程具体情况选择应用，做出恰如其分的分析、评价和计算，以达到正确的选择和决策的目的。

第五节　设计实例

一、费用最小法实例

1. 工程概况

某城镇新建污水处理厂，设计日处理污水能力 3 万吨，为二级污水处理。工程总投资 3066 万元，50％为政府无息借款，50％为银行贷款解决，贷款利率为 6％。项目投产后收取相应的排污费用，以维持污水处理厂的运营费用并归还借款本息。

项目计划建设期 3 年，生产期 22 年，计算期 25 年。第四年投产，为简化起见，当年生产负荷为设计能力的 80％，以后各年生产负荷为 100％，其成本按相等计，生产期结束后的残值与工程拆除费用按相等考虑。

建设总投资中，铺底流动资金按 3 个月经营成本计算，为 65 万元，于建设期末一次投入。流动资金 30％由财政拨款，70％由银行贷款，贷款年利率 6％，项目结束时收回流动资金。

建设总投资中土地费用 300 万元，配套费用 239 万元，开办费用 61 万元，可计算折旧的固定资产投资 2400 万元。建设期固定资产投资中的银行借款在第二年及第三年投入，即花光财政借款后借贷。

2. 建设投资计划

见表 5-1。

表 5-1　年度投资计划表　　　　　　单位：万元

年度\n\n项目	第一年	第二年	第三年	合计
建设投资	1000	1000	1000	3000
其中：前期费用	600			600
建设费用(含当年利息支付)	400	1000	1000	2400
流动资金			66	66
其中：拨款			22	22
银行借款			44	44
合计	1000	100	1066	3060

3. 劳动定员、工资及成本估算

（1）劳动定员设计为 60 人，全员人均工资（含福利费和各种保险费）为 10000 元/年，则年工资总额为 60 万元。

（2）一般行政管理费用支出为 30 万元/年。

（3）经营成本估算

污水经营成本计算，通常还包括污泥处理部分。构成成本计算的费用项目有以下几项。

① 处理后污水的排放费 E_1

处理后污水排入水体如需支付排放费用的，按有关部门的规定计算

$$E_1 = 365Qe (元/年)$$

式中　Q——平均日污水量，m^3/d；

　　　　e——处理后污水的排放费率，元/m^3。

② 能源消耗费 E_2

包括电费、水费等在污水处理过程中所消耗的能源费。工业废水处理中，有时还包括蒸汽、煤等能源消耗。消耗不大的能源可略而不计，耗量大的能源应进行计算。其中电费的计算见下式

$$E_2 = \frac{8760Nd}{k} (元/年)$$

式中 N——污水处理厂内的水泵、空压机或风机及其他机电设备的功率总和（不包括备用设备），kW；

k——污水量总变化系数；

d——电费单价，元/（kW·h）。

③ 药剂费 E_3

$$E_3 = \frac{365Qk_1}{k_2 \times 10^6}(a_1b_1 + a_2b_2 + a_3b_3 + \cdots)(元/年)$$

式中 a_1，a_2，a_3——各种药剂（包括混凝剂、助凝剂、消毒剂等）的平均投量，确定时应考虑药剂的有效成分，mg/L；

b_1，b_2，b_3——各种药剂的相应单价，元/吨。

$$a = \frac{a'}{\lambda}$$

式中 a'——药剂的理论需要量，mg/L；

λ——药剂中有效成分所占比例。

④ 工资及福利费 E_4

$$E_4 = AN(元/年)$$

式中 A——职工每人每年的平均工资及福利费，元/（年·人）；

N——职工人数，人。

⑤ 固定资产基本折旧费 E_5

$$E_5 = 固定资产原值 \times 综合基本折旧率(元/年)$$

固定资产原值是指项目总投资中形成固定资产的费用，此外，可按第一部分工程费用、预备费用和建设期借款费用之和计算。

⑥ 无形资产和递延资产摊销费 E_6

$$E_6 = 无形资产和递延资产值 \times 年摊销费(元/年)$$

无形资产和递延资产值是指项目总投资中形成无形资产和递延资产的费用。此外，可按第二部分工程建设其他费用和固定资产投资方向调节税之和计算。

⑦ 大修基金提存费 E_7

$$E_7 = 固定资产原值 \times 大修基金提存率(元/年)$$

⑧ 日常检修维护费 E_8

$$E_8 = 固定资产原值 \times 日常检修维护费率(元/年)$$

⑨ 其他费用 E_9

包括管理和销售部门的办公费、取暖费、租赁费、保险费、差旅费、研究试验费、会议费、成本中列支的税金（如房产税、车船使用费等），以及其他不属于以上项目的支出等。一般可按上述各项费用总和的一定比率计算。

对于给水排水工程，根据统计分析资料，其比率一般可取 15%，按下式计算。

$$E_9 = (E_1 + E_2 + E_3 + E_4 + E_5 + E_6 + E_7 + E_8) \times 15\%(元/年)$$

⑩ 流动资金利息支出 E_{10}

$$E_{10} = (流动资金总额 - 自有流动资金) \times 流动资金借款年利率(元/年)$$

应注意的是药剂费中除了污水处理所需的药剂费外，还应包括污泥处理所需的药剂费；日常检修维护费 E_8，一般生活污水可参照类似工程的比率按固定资产总值的 1% 提取，但工业废水由于对设备及构筑物的腐蚀较为严重，应按废水性质及维护要求分别提取；计算式中处理水量 Q 均应按平均日污水量（m^3/d）计算。

⑪ 污水、污泥综合利用的收入

如不作为产品，且价值不大时，可不计入污水处理成本中；如作产品，且价值较大时，应作为产品销售，应计入污水处理成本作为其他收入。

⑫ 年运行成本 E_y

$$E_y = E_1 + E_2 + E_3 + E_4 + E_8 + E_9(元/年)$$

⑬ 年经营成本 E_C

$$E_C = E_1 + E_2 + E_3 + E_4 + E_7 + E_8 + E_9(元/年)$$

⑭ 年总成本 Y_C

$$Y_C = E_C + E_5 + E_6 + E_{10}(元/年)$$

其中　可变成本：　$E_{Ca} = E_1 + E_2 + E_3 + E_9 + E_{10}(元/年)$

固定成本：　　　$E_{Cb} = E_4 + E_5 + E_6 + E_7 + E_8(元/年)$

⑮ 全年制水量

$$\sum Q = 365Q \, (\text{m}^3/\text{年})$$

4.财务评价

计算费用现值并预测排污费收取标准:

$$C_{NPV} = \sum_{t=1}^{n} CO_t \times (1 + i_0)^{-t}$$

式中 i_0 取平均的贷款利率,由于政府借款 50%,并规定该企业不盈利,所以按平均贷款利率 3% 计算资本成本。

$$C_{NPV} = 1000/(1+0.03) + 1000/(1+0.03)^2 + 1000/(1+0.03)^3 + 324.64$$
$$\times [(1+0.03)^{22} - 1]/(1+0.03)^{22}/0.03/(1+0.03)^3 +$$
$$66/(1+0.03)^{25}$$
$$= 7623.73 \, (\text{万元})$$

$$A = 7623.73 \times 0.03(1+0.03)^{25}/[(1+0.03)^{22} - 1]$$
$$= 522.73 \, (\text{万元})$$

处理每吨水成本为: $A/365/3 = 0.48$ 元。

若按以上价格收取排污费,服务期结束时,刚好还完贷款本息。

可在此基础上,计算还本付息表,年总成本估算表,逐年损益表,全部投资现金流量表及完成全部财务评价表。

若统一按 6% 的借款利率计算,则吨水成本 0.83 元。

二、效益最大法计算实例

1.财务评价实例

(1) 工程概况

仍以费用最小法实例中的项目及有关财务数据为基础,若由于城镇缺水,在此基础上增加深度处理,增加固定资产投资 3000 万元(含中水系统投资,为简化计算,按第 3 年增加 3000 万元贷款一次投入),增加流动资金贷款 100 万元,年利率均为 6%。经测算中水销售全年平均为每日 2 万立方米,售价 0.8 元/m³。

(2) 增加中水系统后经营成本见表 5-2。

表 5-2　经营成本表　　　　　　　单位：万元

	项目	建设期 3 年	第 4 年	5～24 年	25 年	合计
1	大修理及维修费		144	144×20	144	
2	电费		280	280×20	280	
3	工资福利费		100	100×20	100	
4	管理费		50	50×20	50	
5	燃料费		20	20×20	20	
6	流资利息		8.64	8.64×20	8.64	
	合计		602.64	602.24×20	602.24	

（3）收入计算

污水处理费收入仍按前述 0.48 元计算，则该项年收入为 525.6 万元；中水销售收入为 $365 \times 2 \times 0.80 = 548$ 万元/年；总收入减总费用后净收入为 506.96 万元/年。

（4）净现值 NPV 的计算

$$NPV = \sum_{t=1}^{25} (CI - CO)_t \times (1+i)^{25}$$

这里增加的项目投资贷款年利率为 6%，所以 i 取 6%，则：

$$NPV = -1000/1.06 - 1000/1.06^2 - 4000/1.06^3 + 506.96(1.06^{22}-1)/ \\ 1.06^{22}/0.06/1.06^3 + 166/1.06^{25} = -27.68(万元)$$

说明从财务评价角度，增加中水系统对企业意义不大。

（5）内部收益率 IRR

$i = 6\%$ 时的净现值 $NPV = -27.68$，说明 $IRR = 6\%$ 左右且小于 6%。

2. 增加中水系统后的国民经济评价

由于该镇缺水，若不增加中水系统，就要扩建净水供水系统。该镇自来水的实际治理综合成本为 3 元/m^3，向市政、工业及公建、居民供水的自来水的价格实际分别为 2 元/m^3、2 元/m^3、1.9 元/m^3。中水系统的每日 2 万立方米去向分别为市政及工业和公建 1 万立方米，居民 1 万立方米。上述用户改用中水后政府的转移支付相当于每日减少 $(3-2)$ 元/$m^3 \times 10000 + (3-1.9)$ 元/$m^3 \times 10000 = 2.1$ 万元。

即年收入增加 $2.1 \times 365 = 765.04$ 万元

生产期年净收入为 $765.04 + 506.96 = 1272$ 万元

（1）计算社会效益下的净现值 NPV

净现值计算仍以 6% 贷款利率作为基准收益率：

$$NPV = 13089.45 \text{ 万元}$$

可见该项目的社会效益很好。

（2）计算社会效益下的内部收益率 IRR

$$-1000/(1+IRR) - 1000/(1+IRR)^2 - 4000/(1+IRR)^3 + [(1+IRR)^{22} - 1]/$$
$$(1+IRR)^{22}/0.06/(1+IRR)^3 + 166/(1+IRR)^{25} = 0$$

经计算，$IRR = 18.5\%$，可见该项目社会经济内部收益率达 18.5%，效益很好。

第六章

污水处理厂的总体布置

第一节　厂址选择

　　城市的排水系统与城市的总体规划有密切的关系，而城市污水处理厂的数目及位置又受到城市排水管系布置的支配，因此，在城市总体规划中，污水厂的位置范围已有所规定，但是，在污水厂的总体设计时，对具体厂址的选择仍需进行深入的调查研究和详尽的经济技术比较。其一般原则如下。

　　（1）为了保证环境卫生的要求，厂址应与规划居住区或公共建筑群保持一定的卫生防护距离。这个防护距离的大小应根据当地具体情况，与有关环保部门协商确定，一般不小于300m。

　　（2）厂址应设在城市集中供水水源的下游不小于500m的地方。

　　（3）在选择厂址时应尽可能少占农田或不占良田，而处理厂的位置又应便于农田灌溉和消纳污泥。

　　（4）厂址应尽可能设在城市和工厂夏季主导风向的下方。

　　（5）要充分利用地形，把厂址设在地形有适当坡度的城市下游地区，以满足污水处理构筑物之间水头损失的要求，使污水和污泥有自流的可能，以节约动力消耗。

　　（6）厂址如果靠近水体，应考虑汛期洪水的威胁。

　　（7）厂址应设在地质条件较好、地下水位较低的地区，以利施工，并降低造价。

（8）厂址的选择应考虑交通运输及水电供应等条件。

（9）厂址的选择应结合城市总体规划，考虑远景发展，留有充分的扩建余地。

第二节　平面布置及总平面图

污水处理厂的平面布置包括：处理构筑物的布置，办公、化验及其他辅助构筑物的布置，以及各种管道、道路、绿化等的布置。根据处理厂的规模大小，采用（1∶200）～（1∶500）比例尺的地形图绘制总平面图，见图 6-1，管道布置可单独绘制。

平面布置的一般原则如下。

（1）处理构筑物的布置应紧凑，节约用地并便于管理。

① 池形的选择应考虑占地多少及经济因素。圆形池可用环状拉力设计，造价较低，但进水出水构造较复杂。方形池或矩形池池墙较厚，但可利用公共墙壁以节约造价，且可紧凑布置，减少占地。一般小型处理厂采用圆形池较为经济，而大型处理厂则以采用矩形池较为经济。除了占地、构造和造价等因素以外，还应考虑水利条件、浮渣清除，以及设备维护等因素。

② 一种单元过程的池数可根据处理厂规模及流程图中处理池布置对整个系统的关系来确定。每一单元过程的最低要求为两座池子，但在大型处理厂中，由于设备尺寸的限制，往往有许多座池子。当发生事故，一座池子停止运转时，其余的池子流量和污染负荷增加，必须计算其对出水水质的影响，以确定每一池子的尺寸。根据生产实践，每一单独处理池的能力每天可达 10 万～20 万立方米。

在选择池子的尺寸和数目时，必须考虑污水厂的扩建。对每一种单元过程的全部处理池，最好采用相同的尺寸，且应避免在初期运行时有过大的富余能力。

（2）处理构筑物应尽可能地按流程顺序布置，以避免管线迂回，同时应充分利用地形，以减少土方量。

远期设施的安排应在原始设计中仔细考虑，除了满足远期处理能力的需要而增加的处理池外，还应为改进出水水质的设施预留场地。

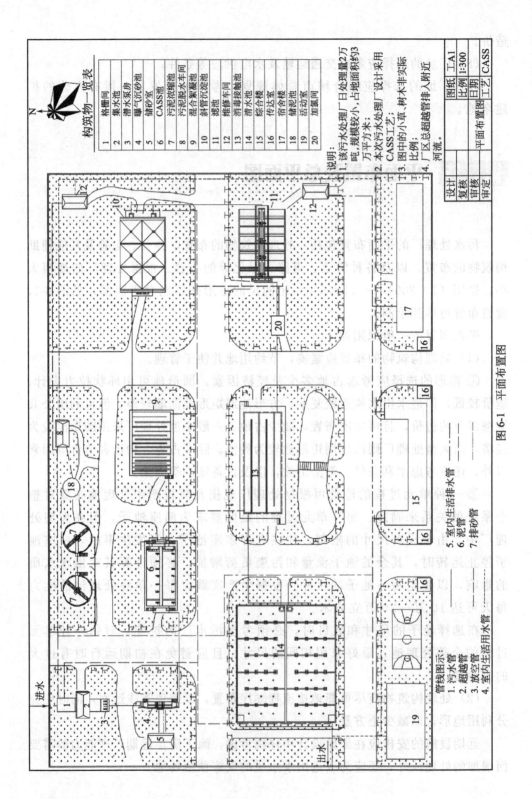

图 6-1 平面布置图

构筑物一览表

序号	名称
1	格栅间
2	集水池
3	潜水泵房
4	曝气沉砂池
5	储砂室
6	CASS池
7	污泥浓缩池
8	污泥脱水车间
9	混合絮凝沉淀池
10	斜管沉淀池
11	滤池
12	维修车间
13	消毒接触池
14	清水池
15	综合楼
16	传达室
17	宿舍楼
18	储泥池
19	活动室
20	加氯间

说明：

1. 该污水处理厂日处理量2万吨，规模较小，占地面积约3万平方米；
2. 本次污水处理厂设计采用CASS工艺；
3. 图中的小草、树木非实际比例；
4. 厂区总超越管排入附近河流。

设计	
复核	
审核	
审定	

图纸	工A1
比例	1:300
日期	
工艺	CASS

平面布置图

管线图示：

1. 污水管 ————
2. 超越管 ————
3. 放空管 ————
4. 室内生活用水管 ————
5. 室内生活排水管 ————
6. 泥管 ————
7. 排砂管 ————

（3）经常有人工作的建筑物如办公、化验等用房应布置在夏季主风向的上风一方，在北方地区，并应考虑朝阳。

（4）在布置总图时，应考虑安置充分的绿化地带。

（5）总图布置应考虑远近期结合，有条件时，可按远期规划水量布置，将处理构筑物分为若干系列，分析建设。远期设施的安排应在设计中仔细考虑，除了满足远期处理能力的需要而增加的处理池以外，还应为改进出水水质的设施预留场地。

（6）构筑物之间的距离应考虑敷设灌渠的位置，运转管理的需要和施工的要求，一般采用5～10m。

（7）污泥处理构筑物应尽可能布置成单独的组合，以策安全、并方便管理。污泥消化池应距离初次沉淀池较近，以缩短污泥管线，但消化池与其他构筑物之间的距离不应小于20m。贮气罐与其他构筑物的间距则应根据容量大小按有关规定办理。

（8）变电站的位置宜设在耗电量大的构筑物附近，高压线应避免在厂内架空敷设。

（9）污水厂内管线种类很多，应考虑综合布置，以避免发生矛盾。污水和污泥管道应尽可能考虑重力自流。自流管道应绘制纵断面。

（10）如有条件，污水厂内的压力管线和电缆可合并敷设在一条管廊或管道沟内，以利于维护和检修。

（11）污水厂内应设超越管，以便在发生事故时，使污水能超越一部分或全部构筑物，进入下一级构筑物或事故溢流。

（12）污水厂的占地面积，随处理方法和构筑物选型的不同，而有很大的差异。

第三节 竖向布置及流程纵断面图

为了使污水能在处理构筑物之间通畅流动，以保证处理厂正常运行，在进行平面布置的同时，必须进行高程布置，以确定各处理构筑物及连接管渠的高程，并绘制处理流程的纵断面图，其比例一般采用：纵向(1：50)～(1：100)，横向(1：500)～(1：1000)。图上应注明构筑物和管渠的尺寸、坡度、各节点水面、内底以及原地面和设计地面的高程，见图6-2高程系统。

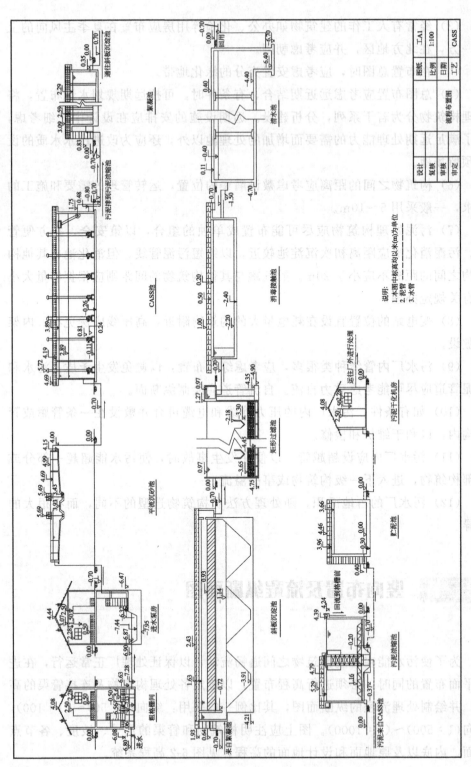

图 6-2　高程及流程布置图

在整个污水处理过程中，应尽可能使污水和污泥为重力流，但在多数情况下，污泥往往需抽升。高程布置的一般规定如下。

(1) 为了保证污水在各构筑物之间能顺利自流，必须精确计算各构筑物之间的水头损失，包括沿程损失、局部损失及构筑物本身的水头损失。此外，还应考虑污水厂扩建时预留的储备水头。

(2) 进行水力计算时，应选择距离最长，损失最大的流程，并按最大设计流量计算。当有两个以上并联运行的构筑物时，应考虑某一构筑物发生故障时，其余构筑物须负担全部流量的情况。计算时还需考虑管内淤积，阻力增大的可能。因此，必须留有充分的余地，以防止水头不够而发生涌水现象，影响构筑物的正常运行。

(3) 污水厂的出水管渠高程需不受水体洪水顶托，并能自流进行农田灌溉。

(4) 各处理构筑物的水头损失（包括进出水渠的水头损失），可按表6-1估算。

表 6-1   处理构筑物水头损失估算值

构筑物	水头损失/cm
格栅	10~25
沉砂池	10~25
平流沉砂池	20~40
竖流沉砂池	40~50
辐流沉砂池	50~60
生物滤池(旋转补土工程高2m)	270~280
曝气池	25~50
混合池	10~30
接触池	10~30

(5) 污水厂的场地竖向布置，应考虑土方平衡，并考虑有利排水。

第四节 配水设施

在污水厂中，处理构筑物往往建成两座或两座以上并联运行，在这种情况下，配水均匀与否就成为一个重要问题。如果配水不均，一部分构筑物超负荷,处理效果就会降低,而另一部分构筑物达不到设计负荷,就不能充分发挥其功能。为了实现均匀配水,应在构筑物前设置有效的配水设置。

(1) 图 6-3 所示配水方式可用于明渠或暗管,构筑物数目不超过 4 座,否则,层次过多,管线占地过大。这种配水形式必须完全是对称的,如果一边管道或渠道较长,则水头损失较大,两边配水就不均匀。

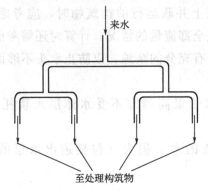

图 6-3　对称式配水

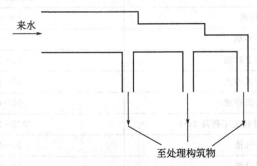

图 6-4　非对称式配水

(2) 在场地狭窄处,也有采用图 6-4 的形式配水。这种形式采用较少,因为流量是变化的,水力计算不可能精确,因此配水很难达到均匀。

(3) 当污水厂的规模较大时,构筑物的数目较多,往往采用配水渠道向一侧进行配水的方式,见图 6-5。

在这种情况下,由于配水渠道很长,渠中水面坡降可能很大,而渠道终端又可能出现壅水,故配水很难均匀。解决的办法是适当加大配水渠道断面,使其中水流流速小于 0.3m/s,以降低沿程水头损失,这样,渠中水面坡降极小,较易达到均匀配水的目的。为了避免渠中出现沉淀,可在渠底设曝气管搅动。

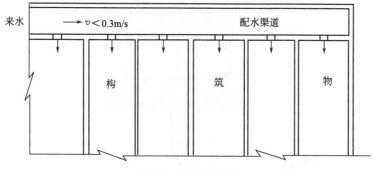

图 6-5　渠道式配水

对于大中型污水厂，此种配水方式更为适用。

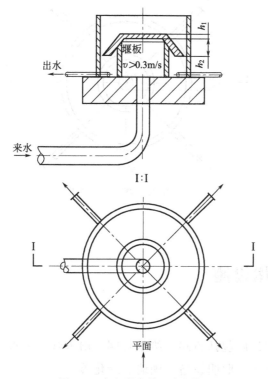

图 6-6　中心配水井（有堰板）

（4）为了均匀配水，幅流沉淀池一般采用图 6-6、图 6-7 所示中心配水井，前者水头损失较大，但配水均匀度较高。

（5）各种配水设备的水头损失可按一般水力学公式计算，局部损失系数参见《给水排水设计手册》第一分册。

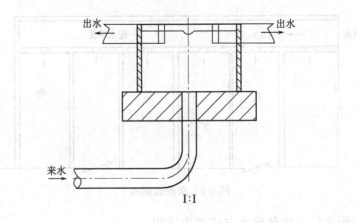

I:I

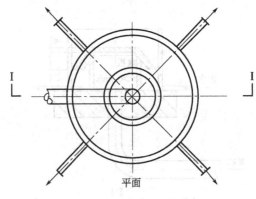

平面

图 6-7 中心配水井（无堰板）

第五节 公用设施

污水厂的公用设施包括道路、给水管网、雨水管、污水管、热力管、沼气管、电力及电讯电缆、照明设备、围墙、绿化等。

1. 道路

厂内道路应合理布置以方便运输，通常围绕池组做成环状，在这种情况下，道路可用单行线，宽度以 3.5m 为宜。厂内主干路应为上下行，宽度视厂的规模大小而定，一般为 6～9m。可参见《给水排水设计手册》第三册《城镇给水》。

2. 供水

厂内供水一般由城镇给水干管接支管供应。管网布置应考虑各种构筑物的冲洗，并应考虑设置若干消火栓。在污水厂内，为了节约用水，可考虑设中水站，将部分二级处理出水加以适当深度处理，用于处理构筑物的洗涤、厕所冲洗，以及绿化、消防用水。可能时，用中水供应城镇。

3. 雨水排除

设计污水厂时应考虑雨水排除，以避免发生积水事故，影响生产。在小型污水厂内，可在竖向设计时使雨水自然排除，不需修建雨水管。在大型污水厂内，则应设雨水管排除雨水。

4. 污水排出

厂内各种辅助建筑物如办公室、化验室、宿舍等均有污水排出，必须设置污水管。污水管最后接入泵站前的城镇污水干管中。厂内污水管也是各种构筑物放空或洗涤时的排水管。处理构筑物应有超越管渠，排空措施，排空水应回流处理。

5. 通讯

对于小型污水厂，一般只考虑安装少量的外线电话；大、中型污水厂，由于人员较多生产及辅助生产、生活的建筑和构筑物较多，为满足生产调度、行政管理及生活上的需要，一般可考虑安装30～200部的电话交换机。

6. 供电

污水厂电力负荷性质应根据厂规模及重要性确定，根据负荷性质及当地供电电源条件来确定为一路或两路电源供电。对于大、中型污水处理厂，如电源，有条件时，应争取采用双电源供电。供电电源的电压等级，应根据污水厂用电总容量及当地配电电网的情况，由供电部门确定。对于大型污水厂，厂内配电系统电压等级及是否设车间级分变、配电所，应根据厂的规模大小及平面布置，进行经济技术比较后确定。

7. 仪表及自动控制

污水厂仪表及自动控制设计，要掌握适当的设计标准，在有工程时效的前提下，考虑技术先进的仪表。测量仪表及自动控制设备的数量、造型及控制方式的确定，要满足提高运行管理水平、提高处理水质、节约药剂及能量、改善劳动条件、减少运行管理人员等要求。小型污水厂一般只设少量仪表，就地控制；大、中型污水厂，一般设集中控制室，可集中显示记录，控制可集中也可分散。控制次数很少的，一般再就地手动控制；控制次数较多的，可采用集中控制或自动控制。控制室位置的确定，要考虑到接近工艺设施，满足于卫生、安静及采光，通风等条件。

8.绿化

为了改善污水厂的环境和形象，保证工作人员的身心健康，必须尽可能在建筑物和构筑物之间或空地上进行绿化，造成优美和卫生的环境。办公、化验室、食堂、宿舍等经常有人工作和生活的地区，与处理构筑物之间，应有一定宽度的绿化带隔离。在开敞式的处理池附近，不宜种植乔木，以免树叶落入池内，增加维护工作。应多种草皮和灌木。绿化面积不宜小于全厂的30%。

9.围墙

为了防止闲杂人等进入污水厂，应设置围墙。围墙最好用镂空的，使外面的人可看到厂内园林景观，一般可做铁栅栏或上部开孔的矮砖墙。

第六节　辅助建筑物

污水厂的辅助建筑物有办公室、锅炉房、化验室、单人宿舍、仓库、机修车间、值班室、警卫室等房屋，其规模和取舍随污水厂的规模和需要而定。在大型处理厂内，还需要建托儿所、幼儿园和接待室等。可按城乡建设部颁布的"污水厂附属建筑及设备设计标准"执行。

1.办公及化验

办公室是行政管理的中心，也是全厂的集中控制中心。办公室（楼）应位于厂区进口处，以利来访和邮递人员。办公室的布置应考虑管理方便，其外形应较其他设施美观大方。化验室是检验污水处理工艺成果的地方。两者都是污水厂必不可少的建筑物。在中、小型污水厂中，办公和化验室可设在同一建筑物内，而在大型污水厂内，化验项目较为齐全，仪器设备也较多，为避免干扰，最好单设。

2.检修间

污水厂的机械设备甚多，经常需要检修，在大型厂内，必须设机修和电修车间。中、小型厂的检修工作可由大型厂的车间或管理单位的检修中心承担，不另设车间。

3. 锅炉房

污水厂的锅炉房主要为污泥消化池加热服务，但也为各辅助房屋供热服务。设计锅炉房时，应考虑设置堆煤、堆渣、场地和运输问题。

4. 变电站

变电站应设在耗电多的构筑物附近，在中、小型污水厂内，宜设在鼓风机房或进水泵站附近。但在大型污水厂内，各构筑物相距甚远，为了节省电缆，可设置若干个变电站，其数量视需要而定。

5. 进出口

污水厂的正门一般设在办公楼附近。污泥及物料运输最好另辟侧门，就近进出厂，以避免影响环境卫生，并防止噪声干扰。

6. 噪声防护

污水厂的噪声防护，可参见《给水排水设计手册》第三册《城镇给水》。

7. 人员编制

污水厂的人员编制按城乡建设部颁布的规定执行。

参 考 文 献

[1] 北京市市政设计院主编.给水排水设计手册.第五册.北京:中国建筑工业出版社.1986.

[2] 张自杰,林荣忱等.排水工程(下册).第四版.北京:中国建筑工业出版社.2000.

[3] 孙力平等.污水处理新工艺与设计计算实例.北京:科学出版社.2001.

[4] 高廷耀,顾国维等.水污染控制工程(下册).第三版.北京:高等教育出版社.2007.

[5] 成官文等.水污染控制工程设计(论文)指南.北京:化学工业出版社.2011.

[6] 中华人民共和国环境保护部.厌氧/缺氧/好氧活性污泥法污水处理工程技术规范(征求意见稿).